综合材料首饰
设计与制作

西班牙新娘， Merky Van den Brink，磨好的玻璃，银箔，用棉充填（背部），绿松石，珍珠，
14厘米×22厘米×5厘米的盒子，12厘米×7厘米×1厘米的玻璃垂饰，整个长度58厘米，2006

国际时尚设计丛书·服装

综合材料首饰设计与制作

[英]乔安妮·海伍德 著
张晓燕 译

中国纺织出版社

内 容 提 要

综合材料首饰设计，即采用多种材料进行自由创作的新形式，在当代首饰领域广受业内设计师与消费者的欢迎。本书以综合材料首饰设计与制作为中心，引导读者从综合材料首饰的材料性能、基础工艺、设计方法三个方面展开基础学习。在此基础上，通过一系列原创首饰作品，图文并茂地教给读者如何亲手设计制作一件综合材料首饰作品。同时本书还向读者展现了几位欧洲首饰艺术家的学习生活、创作状态以及工作室状况，为想要从事综合材料首饰创作的读者打开一扇窗。

基于此背景，这本充满创作意识且具有工艺操作指导性的实用专业书籍将会成为国内首饰领域的必需。

原文书名：Design & make mixed media jewellery
原作者名：Joanne Haywood

图书在版编目（CIP）数据

综合材料首饰设计与制作 /（英）海伍德著；张晓燕译. —北京：中国纺织出版社，2015.8（2022.3重印）
（国际时尚设计丛书. 服装）
书名原文：Design & make mixed media jewellery
ISBN 978-7-5180-1066-0

Ⅰ.①综… Ⅱ.①海…②张… Ⅲ.①首饰—设计②首饰—制作 Ⅳ.①TS934.3

中国版本图书馆CIP数据核字（2014）第229062号

策划编辑：王　璐　向映宏　　责任编辑：陈静杰　　责任校对：余静雯
责任设计：何　建　　责任印制：王艳丽

中国纺织出版社出版发行
地址：北京市朝阳区百子湾东里A407号楼　邮政编码：100124
销售电话：010—67004422　传真：010—87155801
http: //www.c-textilep.com
E-mail: faxing@c-textilep.com
中国纺织出版社天猫旗舰店
官方微博http://weibo.com/2119887771
北京华联印刷有限公司印刷　各地新华书店经销
2015年8月第1版　2022年3月第4次印刷
开本：787×1092　1/16　印张：10
字数：109千字　定价：69.80元

凡购本书，如有缺页、倒页、脱页，由本社图书营销中心调换

目录 / Contents

致谢
Acknowledgements

感谢下面的制作者，他们是如此慷慨地分享他们的作品和图片：
Shana Astrachan, Ami Avellán, Kirsten Baks, Maike Barteldres, Ela Bauer, Rosie Bill, Alexander Blank, Iris Bodemer, Kate Brightman, Sebastian Buescher, Carla Castiajo, Min-Ji Cho, Lee Dalby, Miranda Davis, Cilmara de Oliveira, Christine Dhein, Ute Eitzenhöfer, Nicolas Estrada, Shelby Fitzpatrick, Jantje Fleischhut, Gill Forsbrook, Angela Gleeson, Stefan Heuser, Leonor Hipólito, Ornella Iannuzzi, Antje Illner, Mari Ishikawa, Hu Jung, Steffi Kalina, Mila Kalnitskaya and Micha Maslennikov (mi mi Moscow), Sarah Keay, Kyeok Kim, Adele Kime, Steffi Klemp, Kerstin Klux, Heeseung Koh, Yael Krakowski, Robin Kranitzky and Kim Overstreet, Gilly Langton, Anna Lewis, Tina Lilienthal, Paula Lindblom, Keith Lo Bue, Åsa Lockner, Kristin Lora, Claire Lowe, Marcia MacDonald, Alison Macleod, Ermelinda Magro, Lindsey Mann, Sharon Massey, Rachel McKnight, Juliette Megginson, Amandine Meunier, Marco Minelli, Sonia Morel, Ai Morita, Linda Kaye Moses, Kathie Murphy, Evert Nijland, Carla Nuis, Ineke Otte, Ruudt Peters, Lina Peterson, Natalya Pinchuk, Jo Pond, Suzanne Potter, Katja Prins, Ingrid Psuty, Jo Pudelko, Ramon Puig Cuyas, Uli Rapp, Ulrich Reithofer, Tabea Reulecke, Loukia Richards, Anna Rilkinen, Marc Rooker, Philip Sajet, Lucy Sarneel, Karin Seufert, Susan Skoczen, Suzanne Smith, Kathleen Taplick & Peter Krause (Body Politics), Deepa Taylor, Terhi Tolvanen, Cynthia Toops, Fabrizio Tridenti, Jessica Turrell, Mecky Van Den Brink, Felieke Van der Leest, Machteld Van Joolingen, Rachelle Varney, Manuel Vilhena, Andrea Wagner, Polly Wales, Lisa Walker, Silvia Walz, Lynda Watson, Dionea Rocha Watt, Francis Willemstijn, Anastasia Young, Stefano Zanini.

感谢下面画廊的帮助：
Alternatives Gallery, Flow Gallery, Galerie Rob Koudijs, Galerie Marzee, New Ashgate Gallery, Velvet da Vinci.

感谢下面的朋友一如既往的信任与支持：
Marc, Nick, Ian, Sonia, Kate, Mike, Alice and Luigi. Thanks also go to special friends June, Saskia, Magic Mo and the gang at NWK.

感谢丽兹·奥尔弗 (Liz Olver) 的建议和慷慨鼓励，感谢艾伦·帕金森 (Alan Parkinson) 的精美摄影和他有感染力的幽默感，最后，感谢苏珊·詹姆斯 (Susan James) 和A&C Black 出版社出版此书。

作者：乔安妮·海伍德 (Joanne Haywood)
joannehaywood51@hotmail.com
www.joannehaywood.co.uk

摄影：艾伦·帕金森 (Alan Parkinson)
alan@aperture56.com
www.aperture56.com

导言 Introduction

一个由多种材料制作的首饰曾经给我留下深刻的非同寻常的印象，它是来自美索不达米亚地区的首饰珍藏品，现藏于大英博物馆。这件首饰是在公元前2500年用多种材料制作而成的，而真正打动我的是金黄色光泽的黄金制成的树叶衬托下的栩栩如生的蓝色青金石。这件首饰用了压花、串编、雕刻与切割工艺，几乎是技术与材料的大汇合。它看上去很奇妙，它是如此的古老，却又是那么辉煌，直到今天当我看到它时还是感觉很激动。我想象珠宝匠正在制作它，而看到它就好像看到了所有那些生活在数千年前的闪族人。这个宫廷首饰能真实地体现综合材料首饰的优秀属性、制作技巧与独特性，以及制作者对于材料的热爱和首饰的含义。

今天，工作室的首饰制作者常常选择用一套特定的材料，而不是只选择金属。有时候，能够自如地运用一种特殊材料常常变成一个珠宝匠的标志技能，这种情况持续了许多年。有时候，制作者可能会为了表现一种特定的设计概念而选择一种特殊的材料，他们可能发现它仅仅适合于一件首饰，而接下来他们就会继续为了下一个挑战尝试一种完全不同的材料混搭方式。

闪族人的宫廷首饰，黄金，青金石珠子，玛瑙，多种尺寸，公元前2500年，闪族人，乌尔

综合材料首饰作品涉及的技术可能是多种多样的，并且通过你自己的实验可能探索到传统首饰的技能，探索到那些纤维艺术、纯艺术与时尚艺术中的技能。事实上，无论是天然的材料还是人造的材料都能够用来制作它，给综合材料首饰下个定义很简单，它是指用多种材料而不仅是一种材料来制作的首饰，而使用混合材料的首饰匠们也在不断地扩展传统首饰的材料界限。盗用科尔·波特 (Cole Porter) 的一句话，“当谈及综合材料首饰的时候，任何方式都是可行的！”

本书研究了一系列珠宝项目中采用的多种材料。它引导读者了解基础首饰制作技术与工具和少量的传统首饰制作方法。在第34页“探索设计”中包括了怎样从准备工作中选择得到最好的基础知识等。

“艺术画廊”页是以制作者为中心的，他们

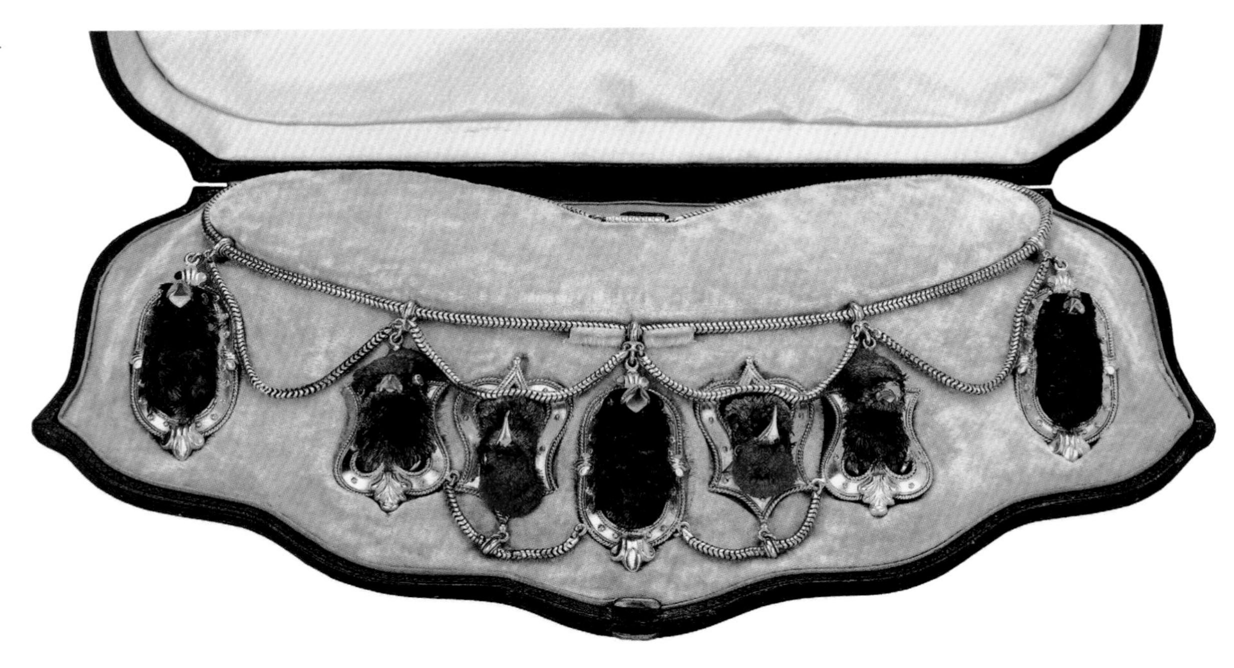

带蜂鸟头的黄金项饰，黄金和羽毛，原来邦德街的哈利・伊曼纽尔 (Harry Emanuel) 制作的实例，宽20厘米，1865~1870年，英国

的工作或是选择材料或是选择灵感来源，这些都与设计项目本身有关。此外，“艺术画廊”页旨在推进设计计划与制作内容，在广泛的材料与技术方面选择展示多种引人入胜的综合材料作品。

在“会见制作者”章节中，从第120页开始将介绍引导读者了解来自全世界的综合材料首饰工作者，展示综合材料的多种不同的属性和他们设计与制作的方法技巧。

背景 (CONTEXTUALISING)

首饰制作经常用到种类繁多的材料。综合材料首饰并不是现代才有。在早期远古的首饰中常常发现动物骨头、种子、贝壳和其他收集的对象，它们常常被混合到一起使用并创造出非常个性化的作品。

金属很早就被用来制做首饰，包括黄金、铜和银。黄金总是象征着财富，神奇的是，它一直没有真正离开过我们的现代精神生活。在许多文化中黄金都是重要的，并且被用在民俗与历史中。直到今天，黄金还是备受首饰匠人们欢迎的重要选择。金属总是与其他材料结合使用，有时是贵重的，有时是不贵重的。

对于佩戴者而言，首饰能够体现一种特殊的意义。有时这种意义通过材料自身来表达。维多利亚时代的首饰常常用材料组合传达一个故事或一个秘密信息。不同石头的混合和像黄金一样的珍贵金属用在一起可以用来拼成爱的信息。在首饰中，头发常常用来表示记忆，从一些例子中可以看到错综复杂的编织与编辫子技术。

在早期历史中常将珐琅与金属结合使用，跨越不同的大陆。在埃及常常喜爱将这些材料与多种多样的彩色石头结合在一起制作首饰。公元1~3世纪，罗马裔不列颠人垂饰的设计与技术都是卓越非凡的。公元6世纪在肯特郡及其周围地区的罗马首饰看上去就已经有惊人的现代感了。这时候，珐琅仍是一种令人尊敬的技术给工匠们提供展示他们技能的机会。

17世纪，剪纸技术出现在首饰中，修女常用

龙形的胸针，珐琅瓷，青铜，长7厘米，公元1~2世纪，罗马时期的英国

剪纸技术来展示其圣洁的形象，这种错综复杂的研究是非凡的，并且这些作品被放在玻璃和黄金首饰盒，没有随着时间逝去而消逝。

19世纪，钢和铁成为首饰的流行材料。在柏林，因为当时政府要求为战争捐献黄金，工厂开始用铁来代替贵金属首饰。柏林铁首饰的制作者和佩戴者不仅为新材料新技术而激动，佩戴铁首饰还是爱国的表现。19世纪二三十年代，铸铁宝石被镶嵌在有光泽的钢表面，出于一种对于材料价值的考虑，他们常对佩戴者说，这种技术在概念上是一种技术进步。

在18~19世纪，微型种子珍珠作品是流行的，用非常纯的成分创造出蓝色珐琅背景，并将其用到金属和玻璃框内，这些小块色彩有一种拼贴的感觉，常让人感觉是作品本身固有的。19世纪晚期，一个伦敦珠宝商哈利·伊曼纽尔 (Harry Emanuel) 用真正的羽毛和黄金镶嵌创造了一款非凡的蜂鸟项饰。同样，来自海外的制作者正在引领着综合材料首饰的流行趋势。大英博物馆展示了两个蜂鸟胸针，这个作品在委内瑞拉制造，专为出口英国。仔细看鸟的细节，它是用一个大的母珍珠为基础制作的，镶嵌在一个金属和玻璃架子上。

对比17~19世纪的欧洲首饰与美国当时的首饰是很有趣的。在美国，人们还很喜欢纺织品，这种纺织品在欧洲作为装饰品早就与首饰毫无关联了。在美国，纺织品在首饰中还是占了一大部分，看到不同文化中的不同的价值体系是有趣的。

你追踪手工作坊里的首饰的发展可能要回到20世纪中期首饰匠的工作中，但是反过来这时期他们已经被他们前面的首饰匠影响了，他们前面的首饰匠常常用一个类似以艺术为基础的方式来工作，雷内·莱俪卡 (Rene Lalique) 创作时常常有一种工作室首饰匠的精神以及开发技术的热情。

19世纪60年代以来，工作室首饰快速领先了，并且有了一些新的观众和学生。制作者和作者引用不同的首饰匠人为其铺路并为影响未来的制作者负责。对我来说那些制作者是珠宝界的英雄！他们有着自己独特的视角，并且总是能够转向一条新路探索。比如他们中的：赫尔曼·约格尔 (Hermann Jünger)、卡罗琳·布罗德海德 (Caroline Broadhead)、通内·维格朗 (Tone Vigeland) 和大卫·波斯顿 (David poston)。

1. 材料 Materials

为综合材料首饰选材时不存在任何限制，没有不能用的材料。有无数的材料可选择，并且对每一种材料而言同样有无尽的效果可呈现。

无论对制作者还是佩戴者，综合材料首饰都是一个有趣的领域。当你带有激情选材且对材料内在的性质怀有尊敬之心时，作品往往会非常精彩感。

下面的材料都会在设计案例的章节中采用。

1

1 **西班牙新娘，**Mecky Van den Brink，磨好的玻璃，银箔片，用棉束填（背部），绿松石，珍珠，14厘米×22厘米×5厘米的盒子，12厘米×7厘米×1厘米的玻璃垂饰，整个长度58厘米，2006

2 **冬季系列胸针，**Jessica Turell，银，铜，透明玻璃质的珐琅，5厘米×4厘米×0.7厘米，2008

3 **图书封面胸针，**Jo Pond，银，图书封面，珍珠，高9厘米，2007

4 **绿蘑菇胸针，**Terhi Tolvonen，迷迭香木，喷漆，瓷器，银，用EKWC（材料名称）制作的瓷器，18厘米长，2007

5 **树脂和丝线项饰，**Kathie Murphy，聚酯树脂，聚酯丝线，1.8厘米×1.8厘米×65厘米，2006

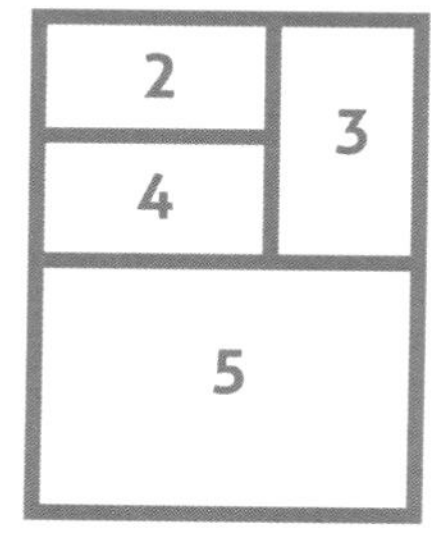

金属 (Metals)

无论是精品珠宝、高级时装首饰、时尚首饰，还是艺术首饰与工作室中的实验首饰，金属都广泛地应用其中。银和金是最流行的选择并且之所以被选有许多原因，包括多变的表面、延展性、长久稳定性，还有它们的内在特性。金属能被细分成以下三类。

贵金属 (PRECIOUS METALS)

铂金、银和金是贵金属，因为它们具有相应的强度、色泽、延展性和稀有度等性质。能够买到的不同纯度的金在色彩上有黄色、绿色和红色等。

基础金属 (BASE METALS)

青铜、紫铜、镍、锡、锌和铝都不像贵金属那么昂贵，也不像贵金属那么普遍地用在首饰中，它们在时尚首饰的铸造和工业化生产方面也很流行。一些首饰设计师成功地利用基础金属。举例来说，林赛·曼 (Lindsey Mann) 在作品中使用铝，并且创造出一些多彩的有趣而复杂的表面效果。

难熔金属 (REFRACTORY METALS)

钛和铌是质轻的金属，有时用在工作室实验首饰中。但是，它们坚硬难以锯割，不能通过普通的方式焊接，加工起来很困难，因此，常常采用弯曲、铆接和捆绑等冷加工的方法。反过来看，一种材料所引起的问题可能对一个制作者来说是有吸引力的，就像一个想要去解决的疑惑一样。对于难熔金属而言，它们的一种有吸引力的性质是能够通过电解和加热形成多彩色。

金属能以多种型材比如片、管、提前做好的小配件、丝、箔叶和金属黏土 (PMC) 的形式买到。

许多工作室的首饰设计师用银和金与其他金属相结合。这种材料的组合使用常常有多种原因。金属能够与纺织纤维、塑料或木材的质地形成对比。同样，金属也能增加强度，一个金属骨架可以撑起一个薄纸结构，或者一个金属盒子可以支持容纳树脂或精细的小配件。一些制作者可能会在一种不贵重的材料中增加使用一种贵金属以增加价值。

金箔

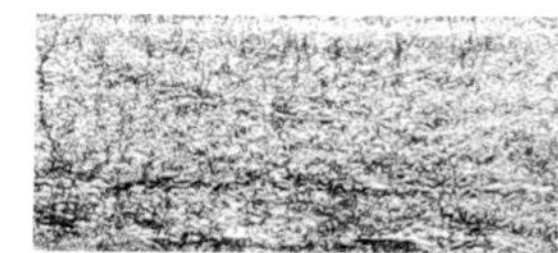

18K绿金

23K月光金

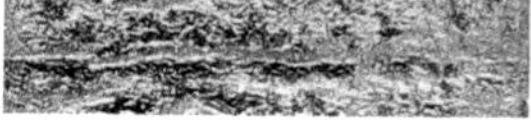

22K黄金

12K白金

23.75K柔和金

钯金

23K红金

真银

金属丝从左到右，
上面一行：银、铜、绑丝
下面一行：钢、黄铜、熔丝

银从左到右，
上面一行：小配件、方丝、PMC
下面一行：片、圆丝、管

塑料 (Plastics)

塑料被看作是一种非贵重材料，并且常常由于价格便宜不被重视。但是，许多首饰制作者学会了使用一定的技能去好好利用塑料这种材料，塑料首饰能够与任何贵金属和宝石首饰相媲美。

塑料是一种多样的材料，能够以不同的型材比如塑料片、管和有肌理的表面等形式买到。

聚乙烯是一种能够买到的不同厚度的多种色彩的塑料片。它非常易于雕刻，一些首饰制作者像瑞秋·麦克奈特 (Rachel McKnight)，吉尔·福斯布鲁克 (Gill Forsbrook) 和汤姆·米休 (Tom Mehew) 研究这种性质，他们大多使用雕刻、折叠、冷加工和与银并置一起使用等方法。

液体塑料比如树脂正变得更加流行。凯茜·墨菲 (Kathie Murphy) 是其中一位使用它的倡导者，并且她的书《树脂首饰》，在A&C Black这家英国的出版公司所出版的首饰手工系列丛书中，对于在这个领域想要学习技能的学生而言是一本必备书。

回收塑料对于制作作品而言可能是有趣的，包括牙刷、饮料瓶、计算机配件和纽扣。

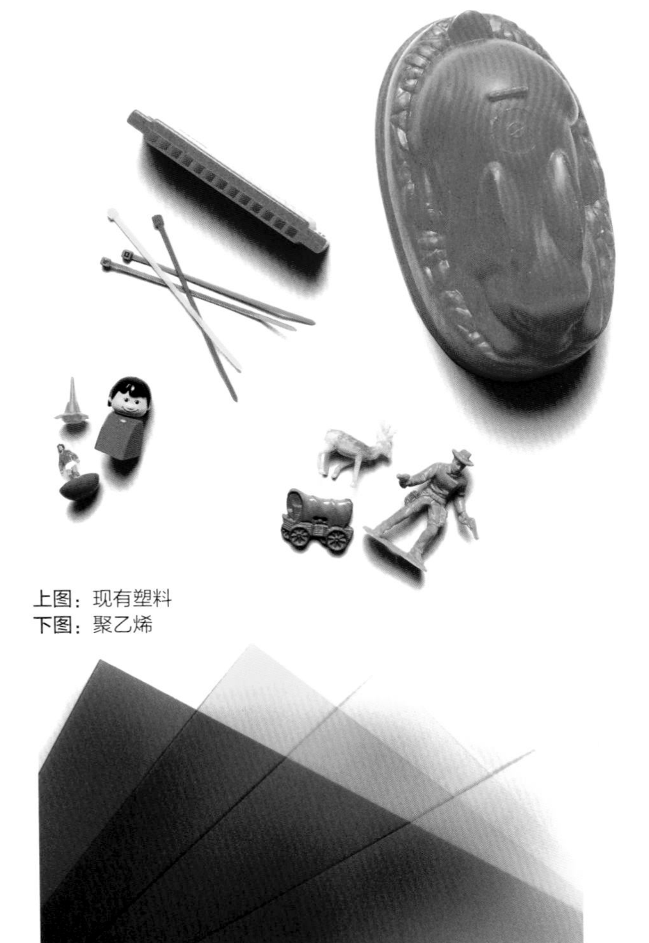

上图：现有塑料
下图：聚乙烯

木材
(Wood)

木材常常被用在首饰中来体现它的高贵与纯粹的结合。它非常频繁的与其他材料一起使用，表面有时被涂了色彩或者经过处理。和金属、塑料一样，可以买到提前做好的各种形式与尺寸的木材。

大多数当代首饰制作者已经意识到了环境以及购买木材这种可再生资源的问题，尤其是购买异国的木材比如斑马木、西非黄檀木和紫心木时。

木材的表面是多种多样的。一些制作者保留木材的表面来展现木材的自然的美丽外观，而另一些设计师则可能雕刻、喷漆或者涂画木材表面，创造出其他外观特征。弗朗西斯·威廉姆斯汀（Francis Willemstijn）用木材去创造学院派首饰，用黑色的木材与贵金属混合使用去增加对比效果。

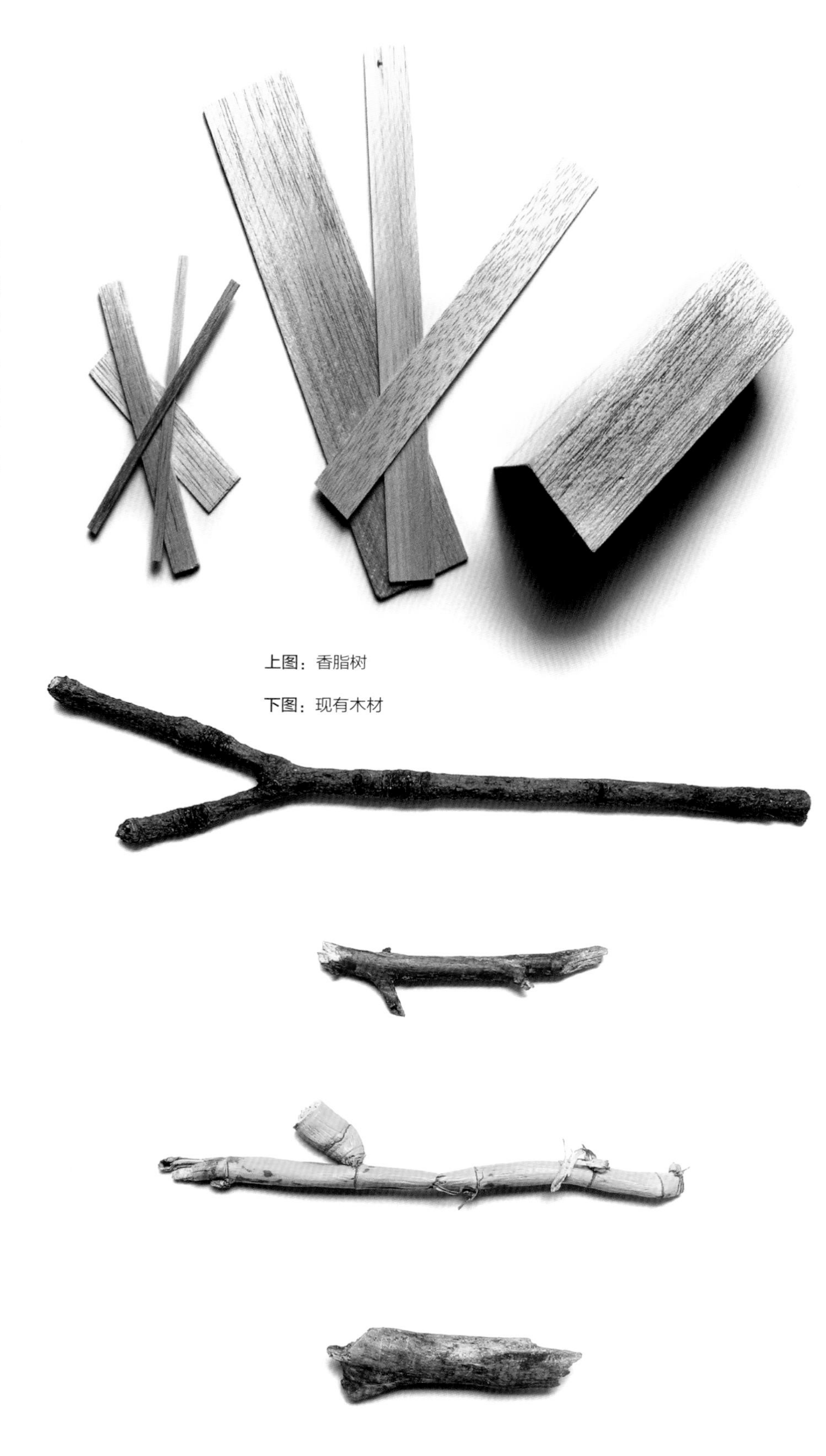

上图：香脂树

下图：现有木材

纸 (Paper)

纸是一种司空见惯的材料，它被看作是一种可以任意使用的材料，它被用来制作报纸、金钱和垃圾包裹物。大多数制作者用纸来设计和绘画，只有少数人认为它可以作为一种材料用来制作首饰。我想这很大程度上是因为这种材料的精细，或者至少是因为它的可感知的精细。然而，事实上纸通过涂亮光漆、层叠、压层或者与其他材料结合使用也可以成为一种耐用材料。有时，纸的这种脆弱的性质成为一件首饰的核心，并且许多佩戴者会更欣赏这个事实，就是纸做的首饰必须很小心的佩戴，可能专为一些特殊的场合或者大多数作为雕塑用来展示。

许多纸在买来和发现时可能就已经有一些吸引制作者的特质了。古老的信或者书上面的花朵可能是相当漂亮的。纸浆是一种技术，它来自于我们初中时的记忆或者墙纸粘贴的灾难，它能被用来创造一种感性的形式并具有大体积、质轻且耐用的性质。

层压是一种保护纸的好方法，它有一种不同的表面外观。层压机是一种现在相当便宜的机器，在一些街道的高级文具店中能够找到。

从左面顺时针方向：日本手工纸，行李标签，烫金的纸，黑色面巾纸，绿色绉纱纸，回收书制成的花，折纸鸟和花

手工纸能够产生有趣的表面，并且能够用来创造一种铸造形式和轻盈的表面。无论用任何材料，这种实验可能都能产生一些难以预测且吸引人的效果。

从左到右：家庭照片，拍摄于奥斯陆的照片，带有邮票和邮戳的信封，带有邮票和手迹的乡村明信片

照片和印刷图像 (Photographs & printed images)

照片，无论是家庭肖像、假日快照、建筑细节还是维多利亚跳蚤市场的发现物，可能都能成为一件首饰的开始。许多照片都有一种神秘的和感性的特质，它能够创作出谜一般的三维首饰物品，这些作品可以根据各种现有的线索去解读。

我总是发现一些吸引人的地图，尤其是古老的伦敦地图，这些地图上街道的名称改变了并且桥被加上或去掉。地图是美丽的物品，用它来做作品相当便宜。当然，邮票用来做首饰也是有趣的，并且从它自身看它有一种特别珍贵的特质。

纺织品
(Textiles)

对于首饰制作者而言，纺织品正成为一种流行的选择，好像更加容易被消费者所接受。纺织品技术也被首饰制作者所接受，用于非传统材料。举例来说，编织的电子塑料或者打褶的橡胶。

就像金属一样，纺织品也有一大系列技术能被采用，比如印花、编织、毛毡制作、刺绣、装饰性衣褶和拼贴。

下面介绍在有些章节中可能会遇到的纺织品。

纱线 (YARNS)

刺绣丝线，各种材料的编织线，棉，羊毛，混合材料，缝纫线，羊毛弹性线，丝线和麻线。有上百种色彩和花样可以选择。

表面 (SURFACES)

毛毡，包括手工制作的和丙烯酸的，印花棉布的和棉布的。

发现物 (FINDINGS)

爆竹，按扣和缝纫针。

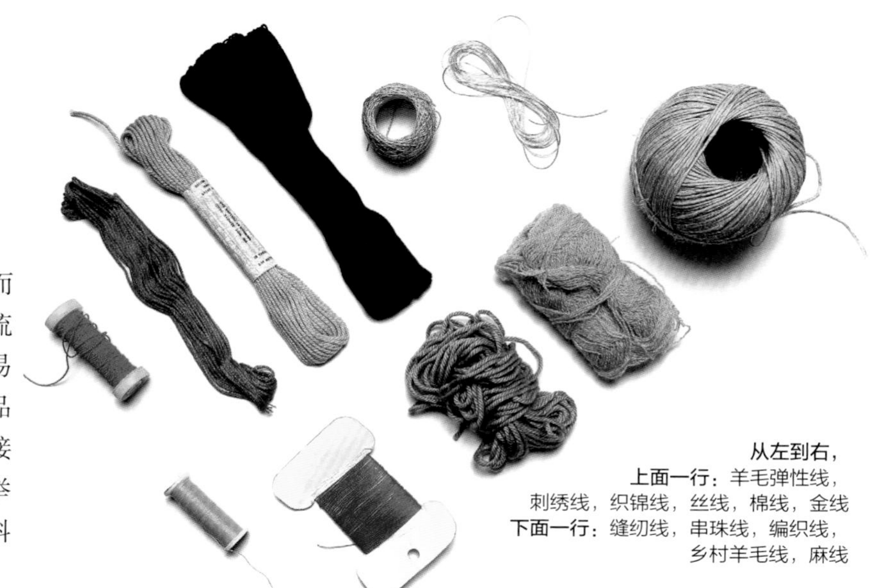

从左到右，
上面一行：羊毛弹性线，刺绣线，织锦线，丝线，棉线，金线
下面一行：缝纫线，串珠线，编织线，乡村羊毛线，麻线

从左到右，
上面一行：三种印花棉布，条纹棉布，美国印花棉布
下面一行：人造丙烯酸羊毛，天然羊毛，嵌入编织的手工制造的羊毛，实验性手工制造的羊毛

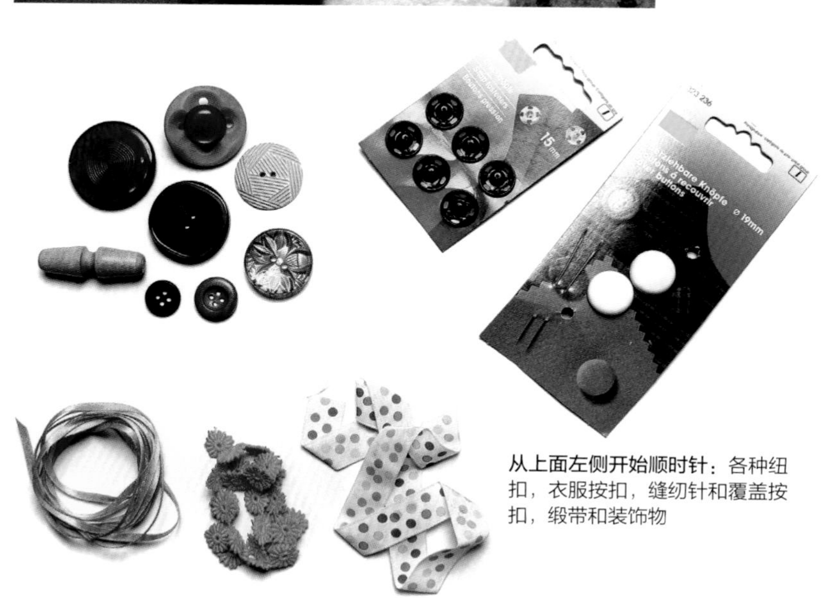

从上面左侧开始顺时针：各种纽扣，衣服按扣，缝纫针和覆盖按扣，缎带和装饰物

玻璃 (Glass)

作为一种首饰材料，玻璃正变得越来越流行；凹槽玻璃,吹制玻璃和现有玻璃物品都能被使用。玻璃有一些珍贵的特质，且它相对于贵金属来说并不昂贵。

在首饰制作领域，玻璃历史悠久。今天，许多首饰制作者正实验尝试用新的工艺和技术，带来一些令人激动的效果。其中一位开拓者是杰西卡·特勒尔 (Jessica Turrell)，她的作品的重心就在于新材料的应用研究。

将玻璃与金属结合是一种普遍的首饰材料结合方式。有时，制作者会打消用玻璃操作的念头，因为玻璃在制作和佩戴中很容易破碎。然而，这种脆弱的特质正是玻璃吸引人的一部分。

上面，从左到右：现有玻璃，玻璃珠，威尼斯玻璃珠

现有物体

现有物体 (Found objects)

用现有物体做作品是最令人激动的。丢弃的物品有一种特质，这种特质能够激发一种设计想法或者一系列的设计目标。当与其他材料相结合时，它们能够产生一种有趣的对比。现有物体可能包括任何东西，那些街道垃圾、贝壳、丢弃的玩具部件、古怪的耳饰、黏土管和陶瓷碎片。

在海滩或船头上发现的物体有一种魔幻般的特质，能够魔法般唤起一些记忆和故事。慈善商店和跳蚤市场可能是一个不可预测物品的有趣的发现来源地。事实上，任何东西都能用来做首饰，你所需要的只是一种想要去做或者去实践的愿望。

自然物体

自然物体 (Natural objects)

像现有物体那样，自然物体有一种能够激起制作者灵感的特质。一些自然物体可能本身也是现有物体，举例来说，种子豆荚、海绵、嫩枝、植物药材和鹅卵石。自然物体也可能买到，举例来说，稀奇的贝壳、蚕茧或者不常用的皮革。当买自然物体时，检查一下提供这些材料的公司是否是负责任的公司，这些公司是不是用一种对生态环境友好不破坏环境的方式提供材料。

喷漆和颜料 (Paint & pigment)

喷漆是一种不常应用于首饰的材料。对于用喷漆的工作室首饰设计者而言，喷漆常常用来增加色彩，解决首饰本身之外的概念问题。有许多种喷漆可以选择，标准艺术漆、水彩画颜料、丙烯和树胶水彩画颜料、商业车喷漆、日用乳胶漆、珐琅玩具漆和天然手工制造的颜料。

本章节的作品制作使用了多种喷漆和多种技术。有时，在设计中喷漆是主要的，有时喷漆与其他材料相混合。

在首饰作品中，喷漆能在任何材料表面增加色彩。

喷漆，包括工业汽车喷漆和许多工艺品特定品牌的喷漆，都能产生令人激动的效果。你也可能买到用于表面的喷底漆。

按照垂直一行从左边开始：丝绸涂料，珐琅喷漆，喷雾漆，墨水，油性蜡笔，纤维涂料，感光乳漆，丙烯酸颜料，树胶颜料，彩色铅笔和水彩颜料

珠子
(Beads)

古老的年代，人们就已经会制造珠子，从早期的给贝壳、骨头以及埃及的珐琅珠子钻眼到威尼斯的玻璃珠和颗粒化的金属珠。能被钻眼的任何材料都能做成珠子。去寻找一些自然的珠子比如说随意砍出的骨头也是值得的。

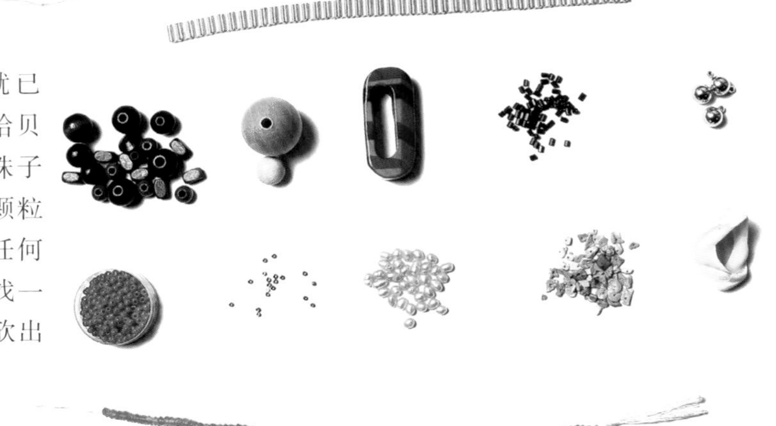

上面三行：石榴石珠子，含银的柱状玻璃珠，柱状珠
中间两行，从左边顺时针：绿色木珠，自然木珠，人造树胶工艺珠，玻璃珠，金珠，自然贝壳珠，绿松石片珠，淡水珍珠，微小的玻璃珠，红玻璃珠
下面两行：玛瑙珠，堇青石珠

可塑的材料
(Malleable materials)

首饰设计师可以用手和基本工具对这种材料进行造型，或者用来做最后的工件、制作模型和像蜡一样铸造物体。

Milliput品牌的造型补土，是一种水管工和修补工用的在空气中可以变硬的材料，并且聚合黏土有一种像橡皮泥一样的特性，烘烤后可以变硬。在首饰加工中，聚合黏土常常作为覆盖表面的一种材料。这可能是因为它总让人想到橡皮泥和儿童时期做的建筑。然而，任何材料通过制作者用一定的技能制作都能看上去很漂亮。辛西娅·图普斯(Cynthia Toops)是一个首饰设计师，他用聚合黏土创造出复杂的可能来自儿童时期想象的三维模型。

从左到右：Fimo品牌软陶，Milliput品牌的造型补土

艺术画廊
(The gallery)

1			5	6
2	3	4	7	

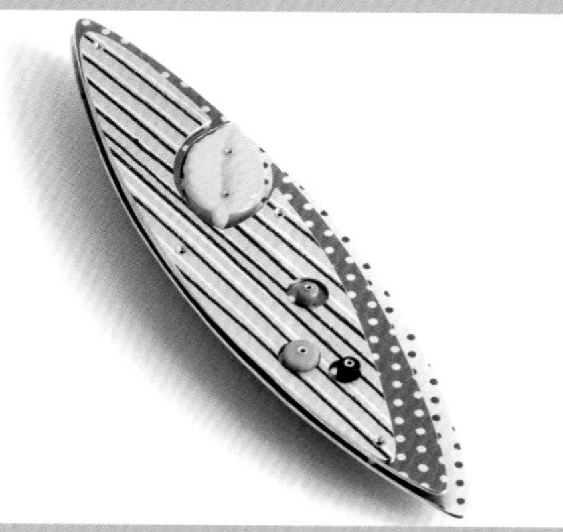

1 **葡萄项链，**Yael Krakowski，氧化银，玻璃珠，丝线，18厘米的直径，2006，以色列，在加拿大生活和工作
2 **平衡胸饰，**Lindsey Mann，印花阳极处理的铝，贵重白金，7.5厘米×1厘米，2007，英国
3 **项饰——生长系列，**Natalya Pinchuk，羊毛，铜，珐琅，塑料，蜡线，不锈钢，76厘米长，2007，俄罗斯，在美国生活与工作，Rob Koudijs Galerie画廊的作品
4 **指南针，**Ami Avellan，铸造925银，棉质缎带，罗盘，6厘米×56厘米×1.4厘米，2005，芬兰
5 **斯特胸饰，**Francis Willemstijn，木头，钢，金，银，14厘米×11厘米×7厘米，2006，荷兰
6 **迷宫胸饰，**Cynthia Toops和Chuck Domitrovich，聚合物黏土和银，5.2厘米×5.2厘米×1厘米，2006，美国
7 **石板胸饰，**Maike Barteldres，来自康沃尔的板岩，标准银，8厘米×6厘米×1厘米，2007，德国，在英国生活与工作

2. 首饰基础工艺
Basic jewellery techniques

本章节对首饰设计师使用的金属加工技术进行了基础介绍。其中一些技术对于木材、塑料与其他材料同样适用。

以下技术在许多重要的章节都有应用，这里介绍许多细节来帮助读者从这些制作过程中获得更多经验。虽然这儿总结概括的基本技术对初学者来说并不能作为一个完整的过程，但综合材料首饰制作工艺是一种体现了许多种材料的技术，它所涉及的简单的方法可以使读者对首饰制作有一个基本理解。

在“进一步阅读”的章节，我列出了一些优秀的书籍，它们将提供资源帮助读者建立一个关于专业的金属技术形成的更为宽广的知识基础框架。下面的内容将引领读者开始学习。

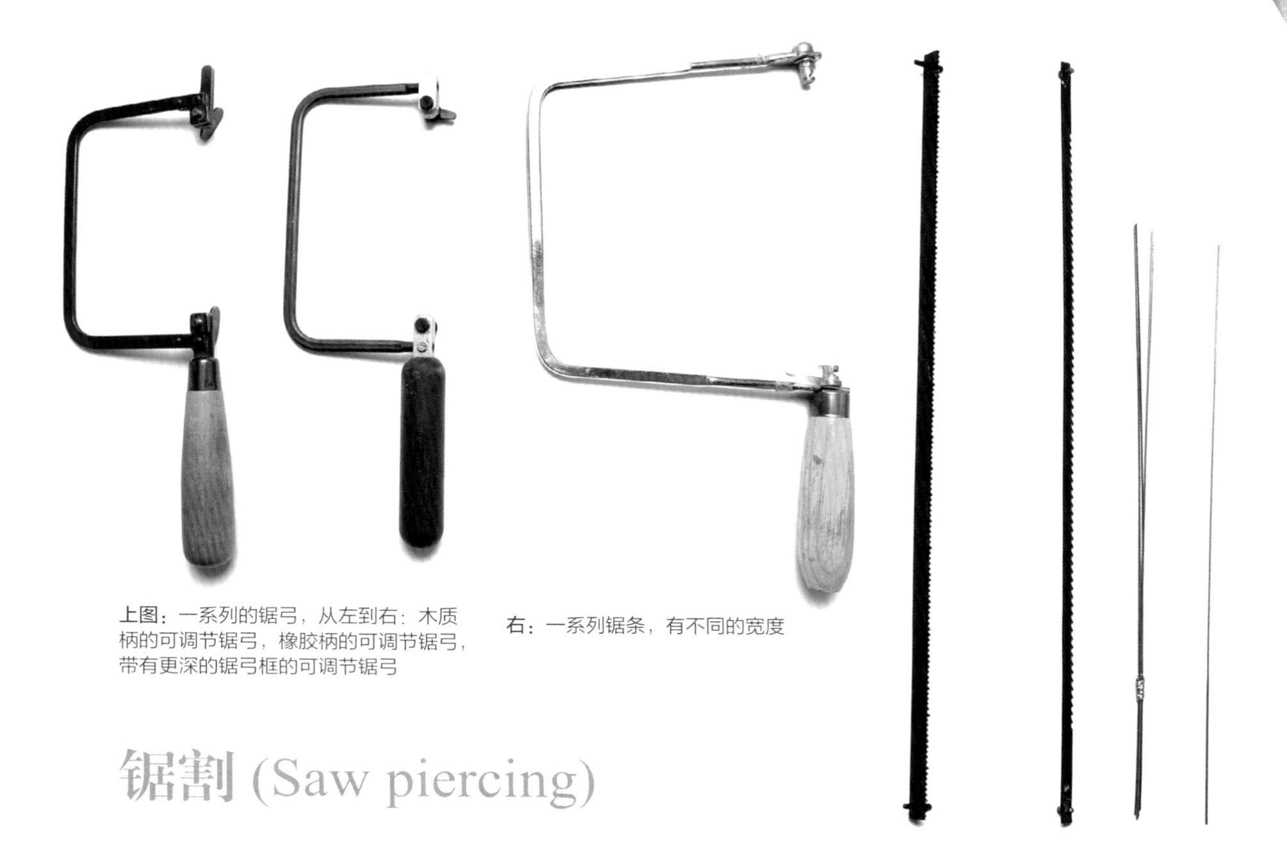

上图：一系列的锯弓，从左到右：木质柄的可调节锯弓，橡胶柄的可调节锯弓，带有更深的锯弓框的可调节锯弓

右：一系列锯条，有不同的宽度

锯割 (Saw piercing)

锯割被用在下面的章节中：蜡烛戒指、泥雕垂饰、木头与柳木垂饰。

我认为锯割是首饰设计师首要学习的技术，并且对于大多数首饰设计操作工序而言，它是最基础的。首先是锯条，锯条按照粗细有不同的尺寸，从粗到细分别是：6、5、4、3、2、0、或者是从1/0、2/0、3/0、4/0、5/0到最细的6/0。我一般用一个中间尺寸2/0，我发现几乎所有的章节都用到了锯割。对一片较厚的金属片而言，你可能需要一根4号或5号的锯条，并且同样地，对于一片较厚的丙烯酸塑料树脂片或硬木头而言，你会需要一根较粗的锯条。

锯条以12条1捆或者1包12捆的形式来卖。如果你正开始学习，应该买一包。刚开始学习线锯锯割时，因为锯条很细，断掉相当多的锯条不足为奇。对于一个刚开始学习锯割的班级而言，当你听到所有的锯条一起断掉的声音时，就像听到一首乒乒乓乓的交响乐。这没有什么可忧虑的，随着时间的流逝，你们会操作得更好，即使有经验的首饰制作者也还是会断锯条的。

接下来，你需要一把锯弓，一把带木柄的固定的不可调节的金属锯弓是最标准的，也可以买一把可调节的锯弓，或一把带有更深一点的切割深度的宽锯弓，装锯条到锯弓上，把锯弓抵在你的首饰工作台或者一个稳固的工作平面上，拿持锯条，使它的齿向下朝向自己。我总是把它想象成一棵圣诞树来记住锯条的形状。把锯条顶端的末端放进锯弓上部的末端夹槽中，并且旋紧螺栓，抵住工作台向前推锯弓的同时，拿持住锯弓柄并且把锯条放在底端夹槽中，旋紧底端螺栓。确信锯条是紧绷的，并且当用手猛拉锯条时能有一个很好的弹性。

当使用锯条时，确定不要使劲硬压锯条，每一次向下猛一压，齿都会断掉。当运锯时，

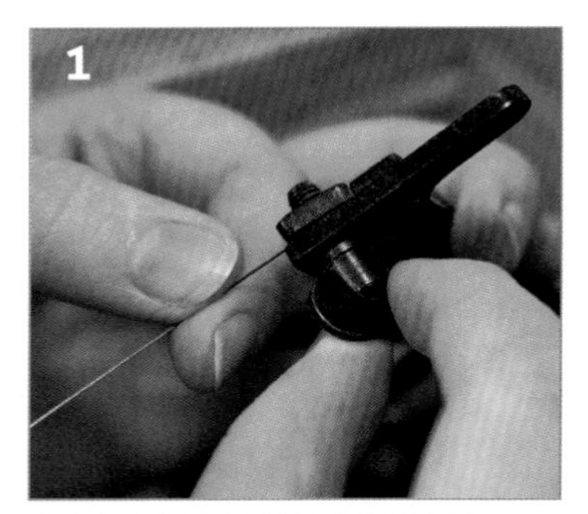

将锯条上部的末端放入锯框中固定

将锯条下部的末端放入锯框中固定

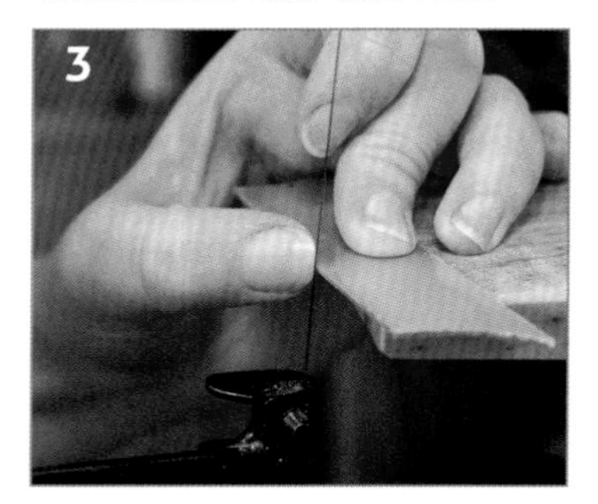

刚开始切割时，图中显示出怎样使用你的拇指作一引导

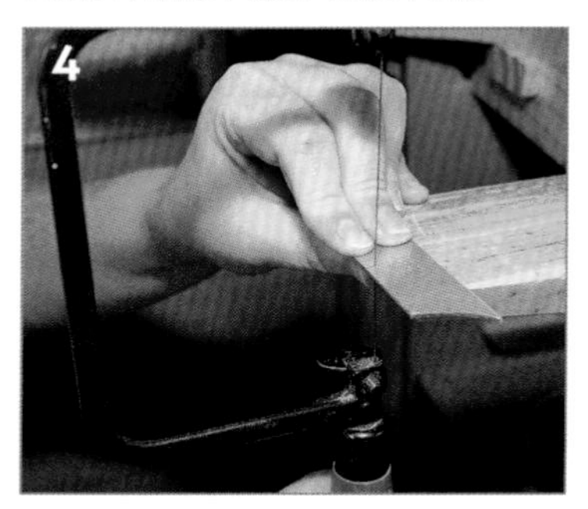

锯一条直线，图中显示怎样拿持锯弓

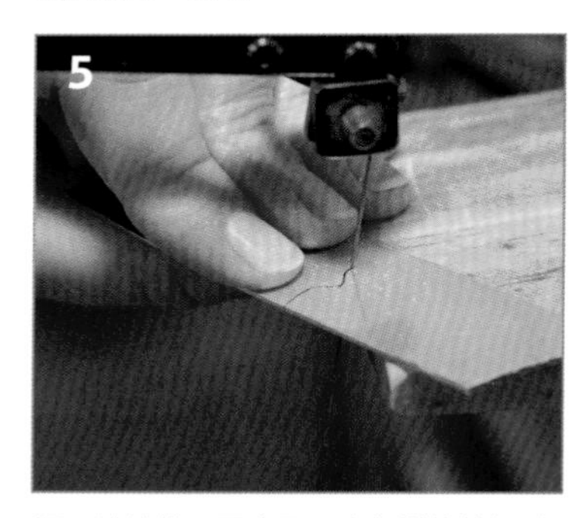

锯一波浪线，图中显示出怎样旋转银片

保持锯弓垂直，并且不要去冒险向前或向后形成角度，因为与你的工作台保持90° 是最理想的状态。第一次切割金属时，你会忍不住用拇指为锯条作一引导，很明显，保持锯是放松自由的上下移动锯弓，你会很快发现一个操作的节奏韵律。如果你是刚开始锯割的新手，尽量练习锯直线，当你满意于你的技术时，你可以尝试锯一条波浪线或转角线。这样做时，你必须用闲着的手轻轻朝着锯弓转动工件。当你是首次学习如何保持锯割的线条精确时，必须放慢速度操作。

在一片金属片的中间去掉一个区域，在金属表面钻一个小洞，正好钻在你画好的镂空线的内侧，然后，旋开锯弓下面的螺栓，将锯条穿过这个小洞，重新旋紧螺栓，这样你就可以锯割镂空出你画好的形状了。

当实践时，你可能喜欢用不同的线条画图案，镂空轮廓，如果一根锯条卡在工件中并断掉了，要小心地用钳子去除它。

切割管材 (Cutting tube)

切割管材用在下面的章节中：蜡烛戒指。

当你需要将管材锯割成一定尺寸时，一个接头切割器或管材切割器是有用的。它是一种手控工具,当你锯割时能够夹持管材固定在一定位置。它的引导使你能锯割出一条直线。它通常有一块可移动的部分允许你去锯割一个特定的长度。当你需要多个同样长度的工件时也可以使用。

在一个切割管材机上锯出一段管材

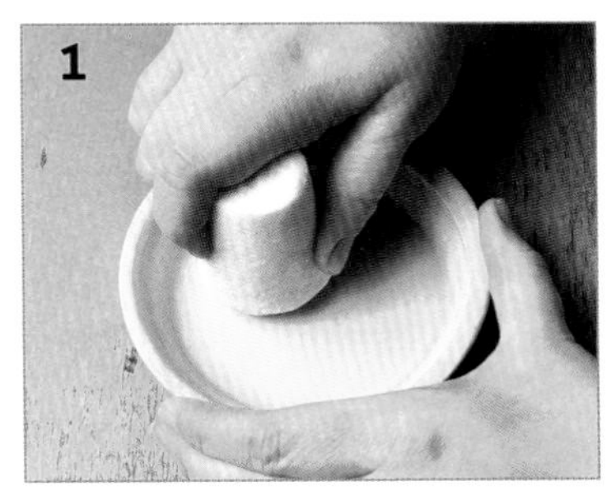

用水混合硼砂熔剂

在银表面抹上硼砂

剪切一小片硬焊料

用钳子把焊料放在银的连接点上

用一把手炬加热银和焊料

使焊料流淌入连接处

在水中给银淬火

焊接
(Soldering)

焊接用在下面的章节中：蜡烛戒指。

焊接是另一种基础工艺，是一个首饰制作者必须首要学习的技术之一。它是将金属连接在一起的最好的方式。比起一个较大的压缩空气火炬来说，我更喜欢用我的手炬。

实践能够建立精确度和信心。当你在学习中偶然熔化掉一个工件，尽管这是令人恼火的，但是大多数首饰制作者都会经历过这样一种灾难。事实上，经历这些是相当好的事情，这使你知道金属多热时才会熔化。

能用来连接金属的焊片有不同的类型。这一章节你需要去学会如何使用银焊片，银焊片包含银、铜和锌，以不同的配比形成高温（硬），中温和低温/超低温焊料，每一种焊料都有不同的熔点。高温（硬）焊料熔点最高并且超低温焊料熔点最低。如果你使用焊条的话，那么你就需要用到硼砂（焊剂）来帮助焊料流淌。焊剂（硼砂）以液体、粉末或者胶的形式存在。大多数首饰制作者通过使用硼砂来学习焊接，并且把硼砂放在一个陶瓷盘中，用类似杵和研钵的方式加点水把它磨碎。

如果在水里面磨好一点硼砂，可以涂一点儿在接缝上，但是在你做这些之前要确保银工件已经放在酸洗液中清洗干净了，然后将它放在一个加热垫和焊瓦上。

下一步，加一小点焊料在焊缝上面，一直加热到焊料熔化，你要等银的颜色变成樱桃红。确保没有一束明亮的光照在工件上，这时你能真正看到当银加热到一定程度时色彩的变化。

首先，轻轻地加热金属工件，手边准备一些金属镊子或一根焊接棒，放在焊料移动的位置上——硼砂会冒一会儿泡泡，这可能会驱走焊料，确保你正加热整个工件而不是只加热焊缝处。如果以平整地加热整个金属工件为目标的话，当焊料填充满整个焊缝时它会缩小并快速流淌，这时要马上撤掉加热的火焰，否则可能熔化掉整块金属工件。让金属工件冷却一会儿，然后在水中淬火，如果是像耳环或戒指一样的小部件的话，你可以用一个盛水的旧玻璃烧杯，然后再在酸洗液中再次清洗小部件。如果必要的话，还可以用一个牙刷去刷洗并且用水冲洗干净。

上面描述的焊接传统方法是一个值得学习的好技能。还有一种可替代的方法是使用焊接胶团，它是由焊料与硼砂混合在一起制成的，类似注射器的形式。在焊缝中使用焊接胶团并用火炬加热是一种比较快的焊接方法。如果你正在焊接小物件，比如多个耳环杆，这是一种方便的焊接方法。一些首饰制作者可能把这种使用焊接胶团进行焊接的方法看作是一种比较懒的表现或是用这种方法来连接一些短小的工件。我认为，当你开始学习焊接时，尝试每一种传统的方法，并且最后通过尝试两种方法来决定自己更喜欢哪一种方法。

酸洗 (Pickling)

酸洗用在下面的章节中：蜡烛戒指。

酸洗是用硫酸与水的稀释液清洗金属的技术术语。它可以清洗表面，去除掉任何表面的火迹。当银在酸液中清洗干净后，会呈现一种可爱的白色光晕，一些首饰制作者利用银的这种独特特征创作，尽管银会很快黯淡下来呈现一种无光泽的外观。

尽量避免把绑丝一起加到酸洗液中，这会在你的金属表

酸洗设备

用塑料钳子把银放进酸溶液中

将氧化液添加到一个玻璃杯中，（带上手套和安全镜）

用镊子夹取银放入氧化液中

几秒钟后取出银

把银放到水里清洗，然后用更多的水和清洗液清洗

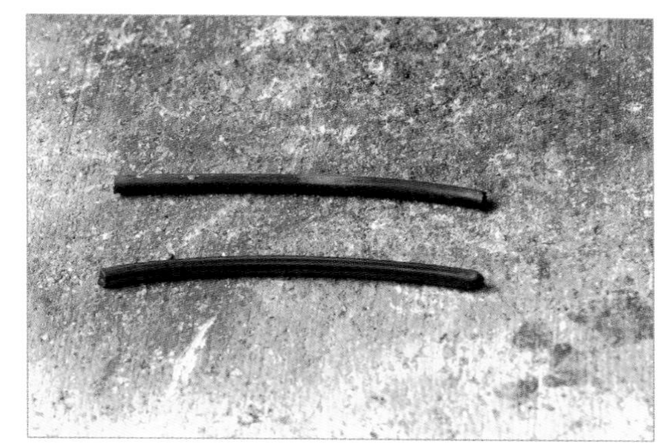

氧化方法的一种对比，上面的样本显示了用火炬加热的自然氧化效果，下面的样本显示了完全浸泡在氧化液中的银氧化后的效果

面镀一层铜。当去除和添加物件时，总是使用塑料夹或火钳。

配制酸洗液时必须要将酸添加到水里，不能反过来将水加到酸中——通常地，大约每升水需要加50克酸液，但是你也可以阅读供应商提供的指导说明。酸洗液需要在温度30~80℃之间使用。安全酸是一种更为安全的可替代物品，用同样的方法把安全酸像硫酸那样加到水里配比酸洗液。我在工作室中使用安全酸，它操作起来很好用。

我用一个可插电的带有温度计的小型酸洗槽来加热酸洗液，也可以用带有耐热玻璃盘的电子铁架或慢炖锅作为可替换的酸洗容器。当然这些必须只用于酸洗，以后不能再用到厨房中。

氧化 (Oxidising)

氧化在下面的章节中使用：波普和线形耳饰。

银和其他的金属包括紫铜和黄铜都会自然地氧化，因为空气中有硫的存在，所以经过一段时间银首饰很自然地被氧化了。当你加热金属工件的时候，尤其用氧气和空气混合在一起的火炬加热时，会在表面形成一层氧化层。一些首饰制作者花费很多时间去清洗氧化的表面，而另一些首饰制作者包括我本人，则发现被氧化了的金属表面是相当漂亮的。

当想要去创造一种氧化的黑色外观时，你有许多种选择，包括用一把火炬加热金属或者使用硫化钾，也有其他的

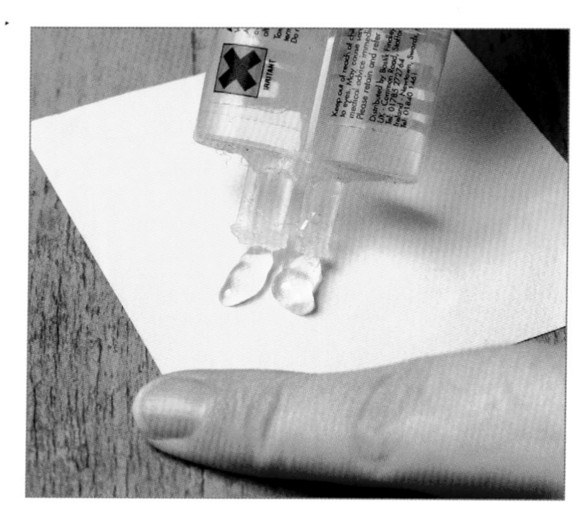
从试管中挤出两部分胶

用一个取食签混合两部分胶

方法比如使用家用氨水和醋，许多首饰制作者不惜花费许多时间形成新的氧化结果和带有不同阴影及色彩的绿锈。

我的某些作品中的银是在一块木头或炭火上氧化的。这不是被普遍采用的首饰技术，但是能产生出一些非常有趣的阴影和不可预测的结果。或许部分吸引力来自于它不是一项传统的技术，并且多数首饰制作者都不会把他们的作品扔到一块炭火上。

“波普和线形耳饰”这件作品，我使用了一种氧化溶液，得到一个整体的黑色阴影。这种溶液也可以画在金属表面或滴在表面上，然后用水来冲洗。进行氧化操作时应在一个良好的通风的环境，并戴上手套、护目镜。所有溶液都应带有说明书和健康与安全建议。如果不能确保安全地使用一种化学溶液的话，那么你可以研究一下用火炬怎样加热能使银变黑，尽管它很难一下子就实现。无论你使用什么技术，记住要做好安全计划，正确地储存溶液。

为了保持氧化的外观效果，一些首饰制作者用蜡或透明清漆涂在氧化了的银表面。而我却发现，看到金属表面随着时间的流逝而发生自然地变化是更为有趣的事情。

环氧树脂胶 (Epoxy resin glue)

环氧树脂胶用在下面的章节中：蜡烛戒指。

环氧树脂胶在大多数工艺品和五金器具商店中可以买到，以能被混合在一起的两个单独的试管的形式供应。一个试管包含树脂松香，另一个试管是一种硬化剂，这两部分混合在一起会凝固，是热固性的塑料制品，一旦凝固，将保持坚硬并且不易分离。你能买到各种热固率的胶，一些较长的热固率的型号重新配置物料更为容易。

我通常用一个取食签来混合树脂和硬化剂，这种胶通常买来时带有一个小铲刀搅拌器，但是我发现用取食签混合这种胶可以更准确地用到一些小区域。

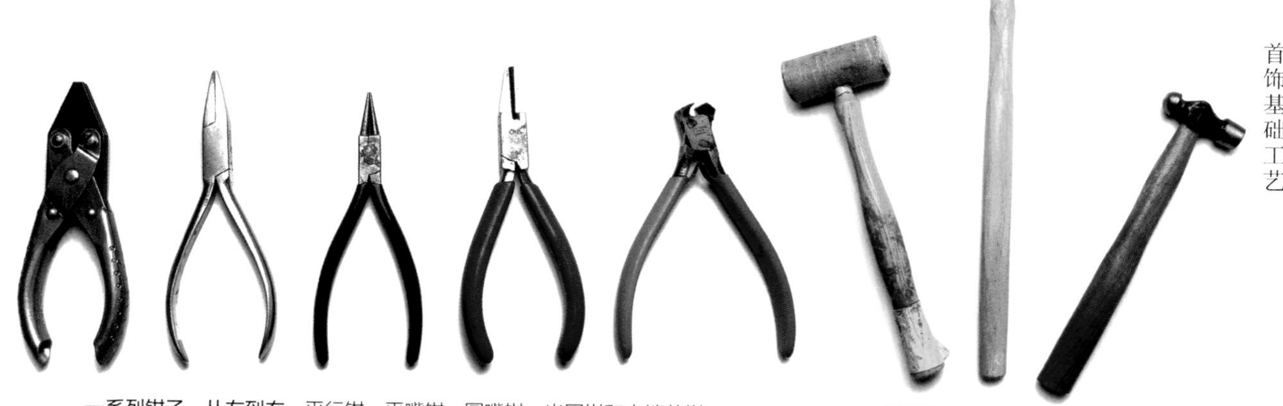

一系列钳子，从左到右：平行钳，平嘴钳，圆嘴钳，半圆钳和末端剪钳

一系列锤子，从左到右：木槌，铆锤，中锤

弯曲和成形 (Bending & forming)

弯曲和成形被用到下面的章节中：串珠胸针，蜡烛戒指。

在这个章节中，大部分是对金属丝进行弯曲。围绕诸如芯棒或编织针等弯曲金属丝，你的手指是最好的工具。通常在你弯曲它之前你需要先对它进行退火（参见第31页）。这一章节让你知道是否需要对每一个工件都进行退火。

手钳是弯曲金属的好工具。但是你需要当心不要在弯曲时在金属表面留下痕迹。圆嘴钳可用来弯曲金属丝，用半圆钳成形戒圈很好用，金属丝能形成光滑的曲线。平嘴钳对于制作尖锐的或90° 的角度是非常好用的。

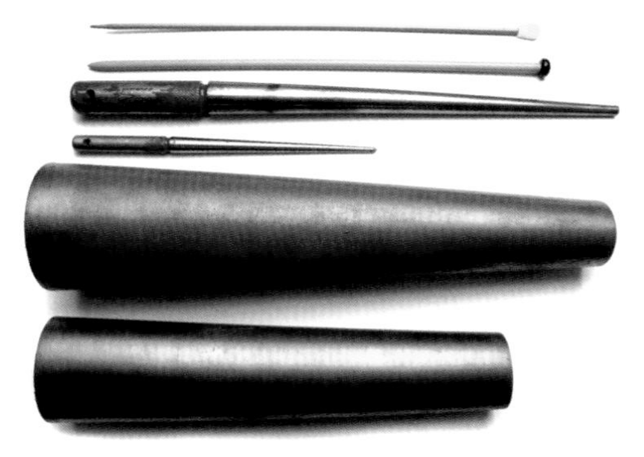

一系列模具，从上到下：两支编织针，戒指芯棒，小戒指芯棒，椭圆芯棒和圆形芯棒

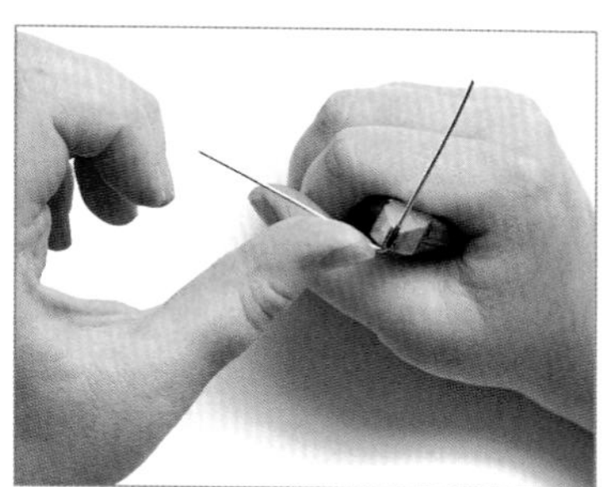

用垂直钳弯曲金属丝到90°

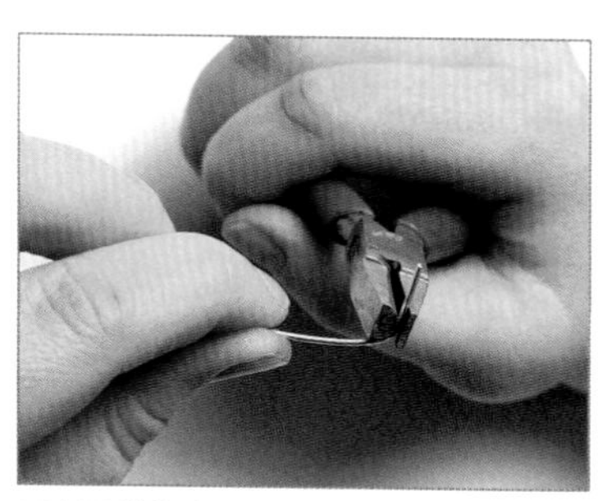

用半圆钳将金属丝弯曲成一个圆弧

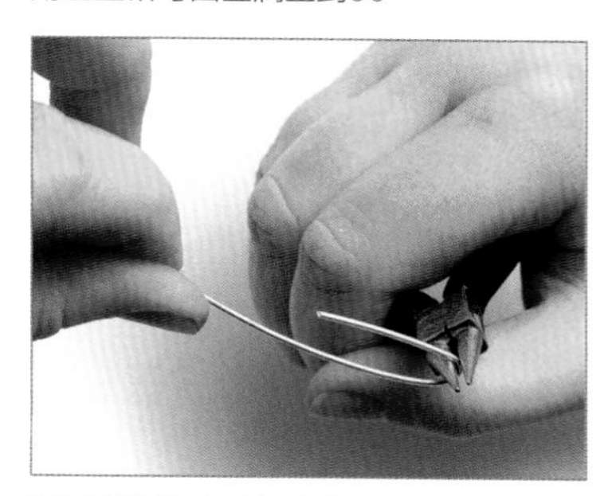

用圆嘴钳将金属丝弯曲成一个环

围绕一个芯棒将金属丝成形

锉磨和修整完成 (Filing & finishing)

锉磨和修整用在下面的章节中：串珠胸针，蜡烛戒指，木头和柳木垂饰。

许多章节都提到了锉磨技术，锉通常用于成形和修整金属工件表面和边缘。在锯割之后需要去锉磨金属工件，因为锯齿会形成粗糙的边缘。有相当宽广的跨度范围的锉刀供你选择，它们有不同的形状、尺寸和粗糙度用于不同的工作。针锉常用来成形一个基本首饰元件。针锉很小并且你通常能买到一套大约12支。圆锉适用于锉磨穿孔镂空，平锉适用于一般的锉磨，包括边缘。内部的弧形可以用半圆锉刀来锉磨，沟槽则使用三角锉刀。一

一系列不同形状的针锉。从左到右：竹叶锉，半圆锉，平锉，圆锉，追踪半圆锉，方锉，三角锉和圆形锉

锉磨银时如何保持锉刀与工件平行

一系列锉刀，比针锉大一点的用于外部的较短的锉，并且剩下的锉是不同系列形状的首饰锉

一系列砂纸，砂块，橡胶块和一个钢制抛光器

些锉刀有一个光滑的边，当你想要锉磨表面和边缘而不想锉到邻近的区域时它是有用的。

当你锉磨时（除非你想要一个圆边）保持锉刀水平，否则会锉进金属工件一个小弯曲。就像一根锯条一样，在一个方向上操作针锉，不要来回锉——你需要在一个方向上锉磨。当锉磨时，如果需要用手压持住工件的话，可以将工件放在工作台的木桩上或桌子上。

锉磨完成后，可以进一步用砂纸、金属砂纸或者打磨块清理干净金属工件。尽管这些砂纸有从粗到细许多不同的等级，最好在你的基本首饰配套元件中存一些理想等级的一定数量的砂纸或打磨块。先用粗砂纸去掉锉磨沟槽，再用细砂纸达到一种光滑的外观。耐磨橡胶块用于清理也是非常好的，并且你能从许多首饰供应商那里购买到它。从五金商店中购买的砂纸打磨块也相当好。实验并尝试不同的方法能让你了解什么方法最适合。

在你得到一种光滑的外观之后，可以保留这种缎子似的光滑外观，或者抛光表面。一种操作容易且低技术的方式是用一个磨光器去打磨表面，磨光器是用来打磨银表面的磨光的硬的钢制工具，你必须稳固的摩擦金属表面，并小心你的手指。较大的锉刀也能在首饰加工中用和针锉同样的方式操作。

退火
(Annealing)

退火用在下面的章节中：蜡烛戒指。

退火是通过加热来软化金属的技术术语。通常需要在操作金属之前进行退火。我一般制作首饰时给银丝和银片退火时使用一把能释放出足够热量的手持火炬，对于较大且较厚的金属工件可能会需要一把较大的火炬，但如果只是为这本书中某些章节的目的的话，手持火炬足够了，如果你刚开始学习首饰制作的话，最好使用一些不怎么昂贵的工具。

给银退火

带钻头的手钻

你也能够买到一些提前退过火的金属工件。金属丝和薄金属片因为足够软通常不用退火也能操作。当用锤子等操作金属工件时，金属工件会变得很硬，所以在你完成对金属工件的操作之前，一件金属工件可能必须被退好几次火。

不同的金属有不同的熔点，所以有许多不同的退火温度。本章节，我们给银退火，银有1635℃的熔点，退火温度大约1200℃。

给银退火，把银放在一个加热垫上并且用火焰顶端距离金属2~3厘米（0.8~1.2英寸）处加热。在银的表面移动火焰，直到银呈现深粉红/深红色，保持这个颜色几秒钟再停止加热，然后在水中淬火。

钻眼 (Drilling)

钻眼用在下面的章节中：蜡烛戒指，泥雕垂饰，木头和柳木垂饰。

钻眼前先用一支铅笔或钢笔在材料上标出位置。稳固地拿持住一个中心冲錾或划线器放在材料表面上，用一把普通追踪锤敲打中心冲錾或划线器的顶部，这样在材料表面就会留下较深的痕迹。当猛地用锤子冲压冲錾到金属工件上时，你会注意到金属会环绕冲压点移动出来一点形状，通常后面的钻眼操作能够去掉这种痕迹。有时，围绕一个冲痕的预先计划好的金属移动能用来做一种装饰表面。对你来说，可选择的钻孔技术有很多种，手工钻、弓钻、电子钻是首饰制作者常用的工具。在工作室中，大多数时候我都使用电子钻，有些工作仅仅需要钻几个孔，这时我使用一把手工钻，就像用在泥雕垂饰和蜡烛戒指中的手工钻孔一样。

钻孔时，你需要牢固地拿持住工件。举例来说，如果它是一片比较大的银片或塑料片的话，你能用手牢固的压持住它，但是，如果你正在操作较小的工件的话，你就需要用镊子、钳子或者胶带固定住它。记住要总是牢固地拿持住工件，避免物件旋转。一般地，我把工件放在一个木块上，木块不贵，切下来就可以用。

在一个银表面上使用中心冲錾，使用遮盖胶带和一块木块牢牢地稳固住银

在银片上钻一个洞

钻头有许多种不同的尺寸，并且你可以购买专用于木头或金属等的钻头。一般，我会从首饰供应商那儿买钻头。

当你正给物体钻眼时，它们会变得相当热，尤其是你正使用的是一个柱式钻床的话。我常常使用手工钻来给小工件钻眼，比如水晶等，因为我感觉这样有更多的控制力。如果我感觉到它变热了，就把它扔进冷水中蘸洗然后再继续操作。

如果你正在给一个曲面钻眼，你会发现钻头会环绕中心颠簸，很难定位。这时候，你应该尽可能尝试先通过锉磨弧面上的一小块面积来将这小面积磨平，再进行钻眼。钻眼能被用来创造一种图案或为某种功能。

当你钻眼时，要确保带上安全护目镜，扎起松散的头发，不要穿戴任何悬荡的首饰或者飘动的衣物，影响操作。

3. 探索设计 Exploring design

探索设计介绍基础的设计原理（规则）。本章节想要帮助你为制作首饰培养形成自己的设计技能。它会帮助你以本章节为基础形成你自己的一些变化。

每一个制作者都有独一无二的方法去设计，所以下面的信息灵感源（作品素材材料）作为一种总的想法，它只是按照你自己的想法显示了你能够使用的工作的方法。

拼贴画，Joanne Haywood，英国

视觉日记
(Visual journals)

绘画，Joanne Haywood，英国

有机形态，Paula Lindblom，瑞士

视觉日记和艺术家的速写本都包含制作者的个性与情感，是充满想象力的。你所发现的在这个世界上的每一样非凡的事情都可以被包括在内。视觉日记可能包括绘画，摄影照片，符号和抽象派拼贴画。每一个制作者工作方式都不同，并且就像他们最终的首饰作品那样，每一个制作者都是独特的。不要尽力去模仿一种特殊的视觉日记的风格，放松享受绘画和视觉记录的过程是最好的。最为成功的日记是显示制作者足够放松的去犯古怪的错误和制作者并没有奋力的去追求完美的一页的时候。记得你的日记是作品诞生的地方，所以越多的参与那些真正引发你兴趣的事情就越好，你的作品就越多的引起其他人的兴趣。

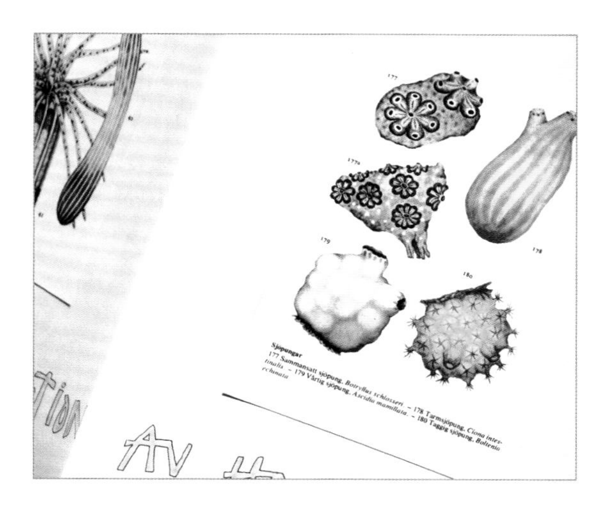

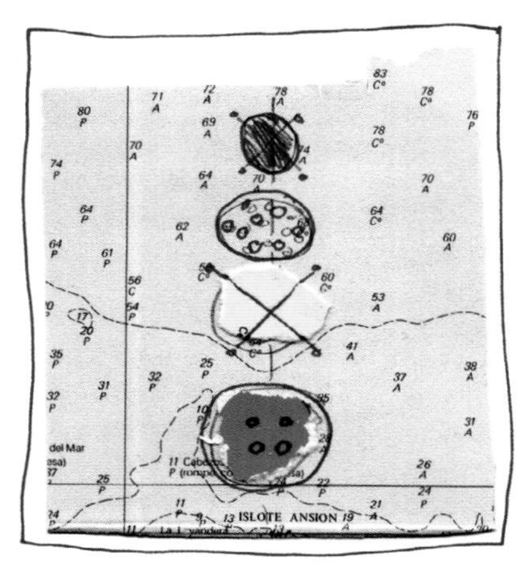

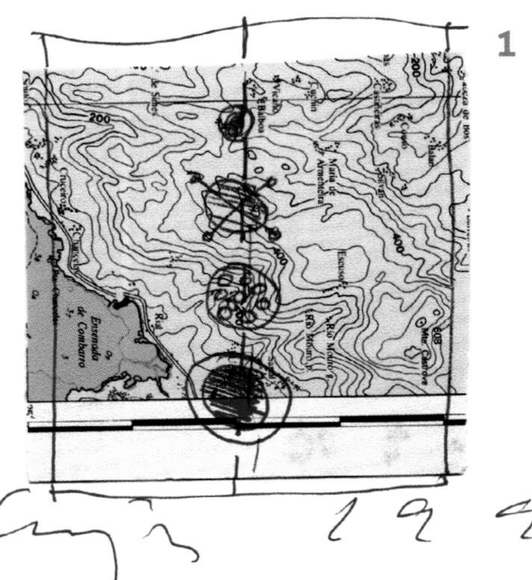

1

设计册
(Design books)

对一些制作者而言，设计也偶然发生在视觉日记中。通常制作者和学生发现从一个日记转换成其他不太容易。然而，保持它们分离真是一个好做法，因为它能帮助去对每一页的工作进行分类。设计册应该包括你的最初的想法和设计草图，以及它们的完善发展过程。记录你的想法过程是重要的，它可以借助于大脑存储的方式、连续不断地写图表目录的方式或者对关键问题和想法进行列表的方式记录想法。尽管最初的研究总是能加到你的视觉日记中，研究也可能被包括进来。

就像任何与绘画相关的事情，实践将建立你的自信心和能力。再有经验的制作者也可能有那么一天“不在状态”，所以无论发生什么，尝试放松并且享受这个过程。

1 **一系列，**Ramon Puig Cuyàs，西班牙
2 **木炭画的设计，**Joanne Haywood，英国
3 **综合材料设计，**Jo Pudelko，加拿大、英国，在苏格兰生活和工作
4 **绘图和图画设计，**Ramon Puig Cuyàs，西班牙
5 **最后的设计，**Dionea Rocha Watt，比利时，在英国生活和工作
6 **纸上的铅笔画，**Jo Pond，英国

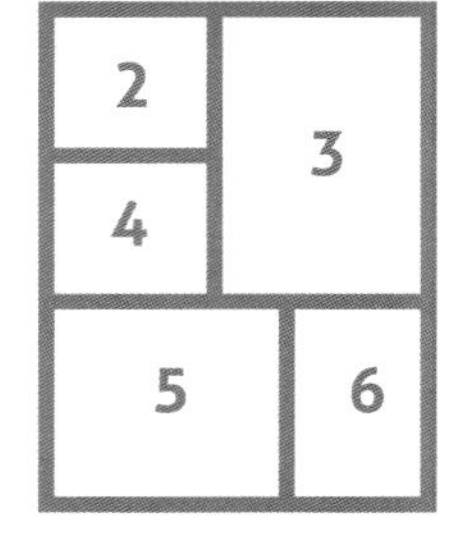

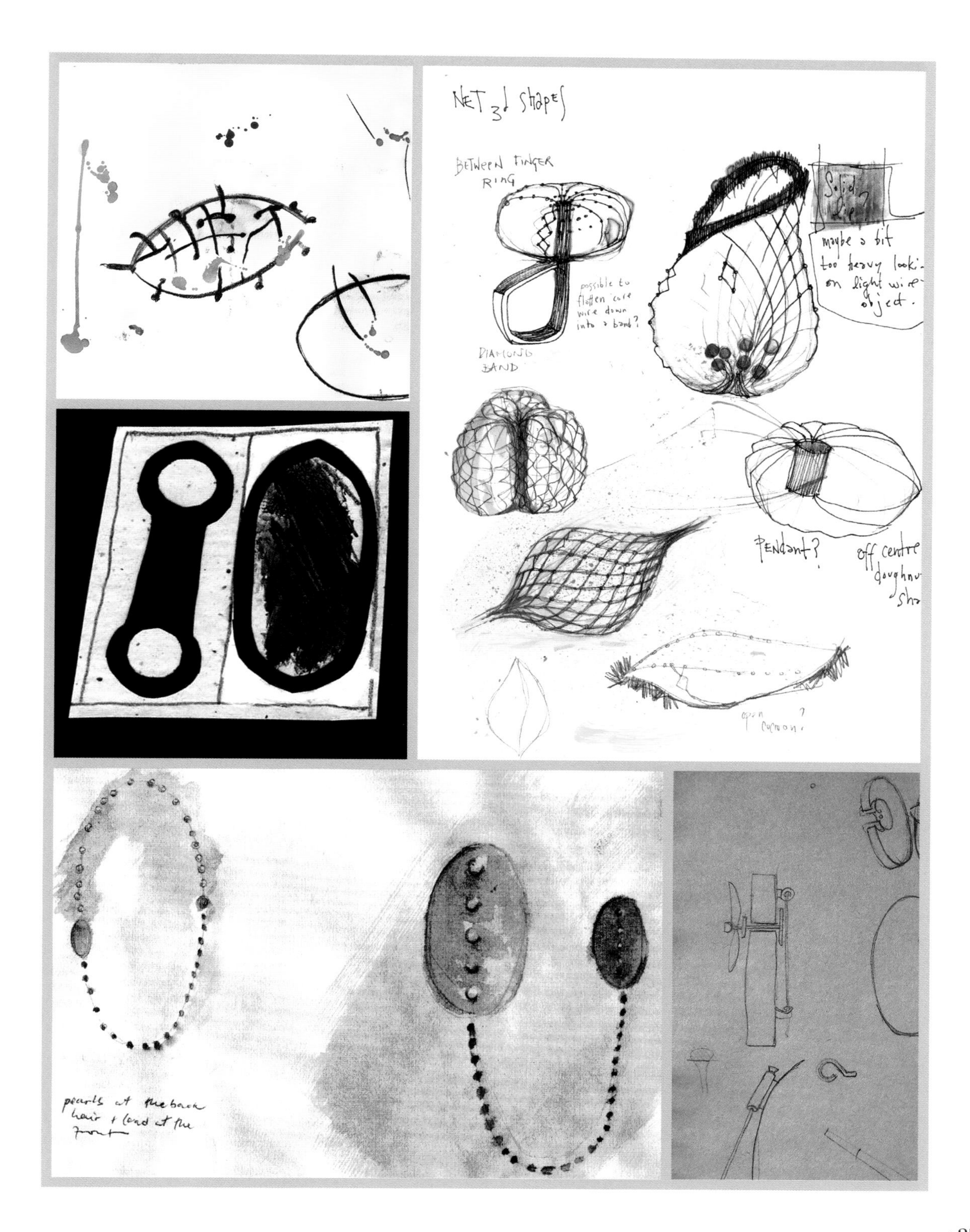
NET 3d shapes
BETWEEN FINGER RING
possible to flatten core wire down into a band?
DIAMOND BAND
maybe a bit too heavy
on light wire object.
Pendant?
off centre
open cocoon?
pearls at the back
hair + land at the front

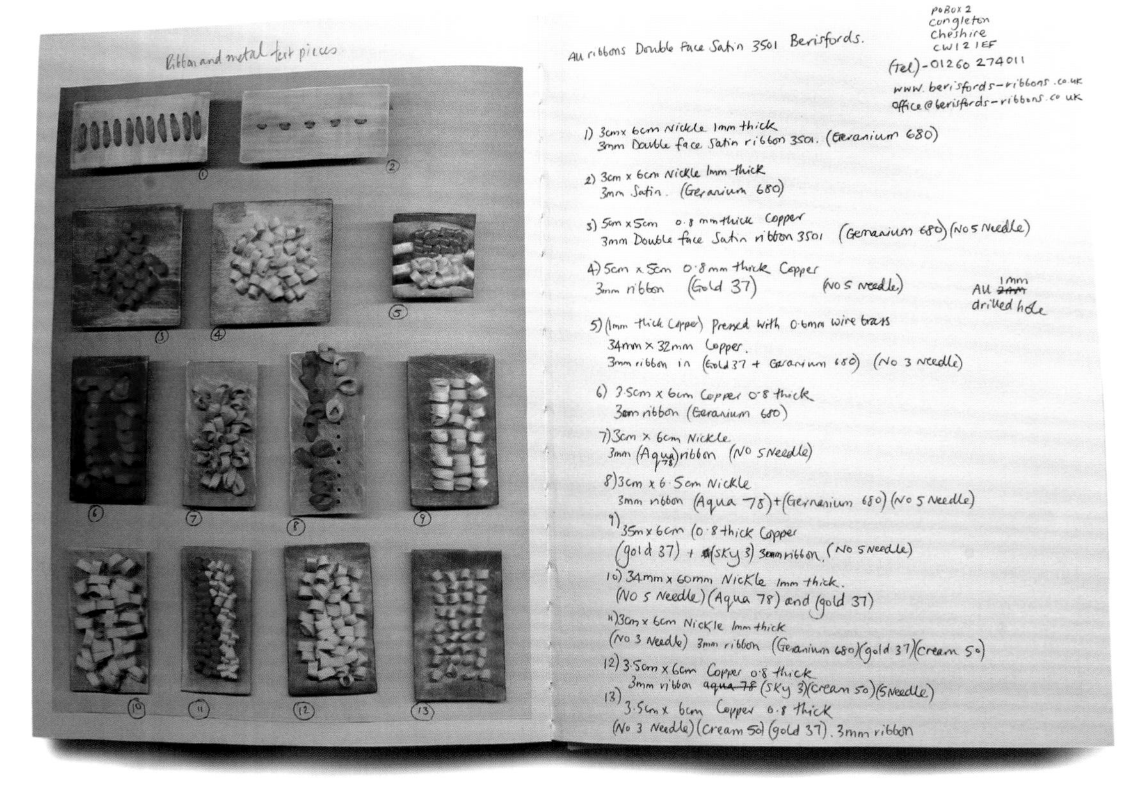

缎带和金属实验，Joanne Haywood，英国

金属箔和银实验，Joanne Haywood，英国

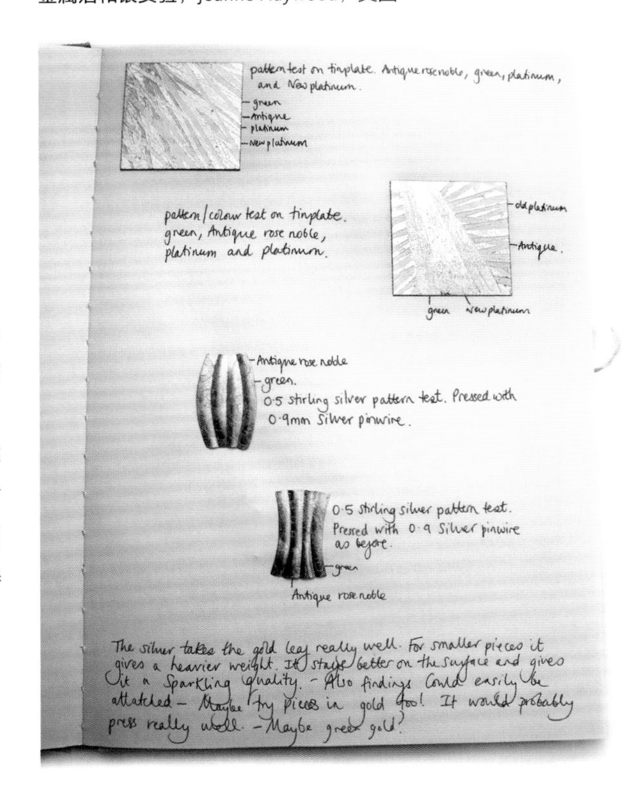

技术日记
(Technical journals)

我总是想把技术日记看作是一种记录本。当做首饰的时候，去记录材料的细节、尺寸、生产花费和供应商细节总是好的。

一步步的指导说明是有帮助的。想象一下你将不得不在20年内重复制作首饰，当你已经忘记第一次怎样制作首饰时会需要它作为指导。

层次和格式取决于你。它是一个帮助你记忆的工具。如果图表能帮助你去记住一种方法或一件作品操作中的图片的话，那么就用图表，经过一段时间你可能会形成记录信息的特定的方法。

概念与出发点 (Concepts & starting points)

在设计和制作中，总是需要一个简短的概要或开始点。你需要问你自己一些重要的问题比如为什么你正在做首饰，为谁而做？你自己可以控制大多数的答案，除非你是被雇佣工作。

概念可以来自于任何的灵感源，可能是一些简单的事物，比如一个被发现的物体，来源于你的生活中的一件重要的事情。就像你选择材料一样，概念有一种无限量的效果。当你正在商定一个简短概念时，形状（造型）、色彩、肌理和体积都应该被探索研究。

对许多制作者而言，材料能够提供强烈的灵感启示，并且在制作者和材料之间的图表则能够产生复杂的想法，当观看作品时，这些想法可能是明显的也可能是不明显的。一些制作者选择沉重的主题事件比如“生命与死亡”作为一个开始点。像这种人类主题议题能够激发大多数人的想法观点，并且能产生一些作品的概念想法。

然而，你不一定要围绕这些严肃的主题创作，仅仅为了某种意义或者因为你认为你应该这样。如果你想用纸来制作首饰只因为你喜欢这种工艺的话，那么请享受这个工艺过程，不要感觉好像你必须为了使作品更有价值而把它与一种政治观点或声明联系在一起。

有时，多种观念和观点可能发生碰撞，你可能想去做一个胸针去探索家庭人物肖像的主题，并且沿着它去看一下折纸技术。你涉及的越多，形成的观察方法也就越多，某些观点则变得更加合理，且你会发现怎么去将它们转化成一个三维物体。

无论你的作品的概念是什么，并且无论简短的概述显示了什么，要总是思考为什么你正尽力去实现它。记住，可能会有更多的效果。

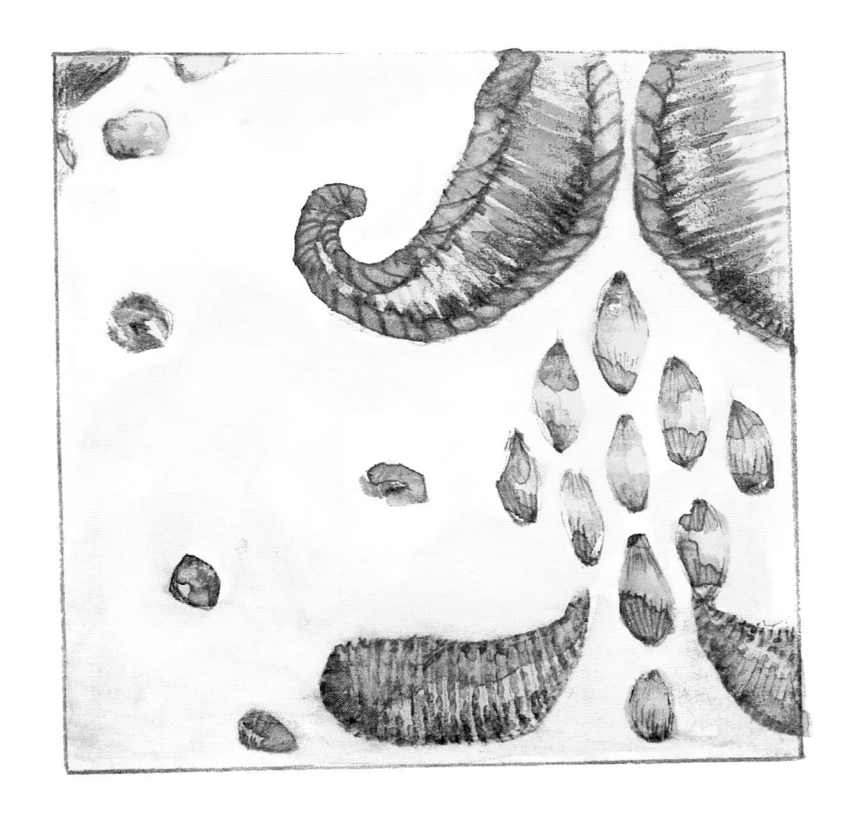

绘画，Joanne Haywood，英国

生活绘画/观察绘画
(Life drawing / observational drawing)

对所有的艺术家和设计者而言，绘画是一种真正重要的训练。画物体和人体帮助我们去理解它的结构和功能。当为某个人制作作品时，理解作品被设计的方式或许是有用的，并且同样地，许多人造产品都受到自然的影响。

许多设计开始于观察绘画或被观察绘画所影响；能够理解形状，形式，线条，图案和色调是真正重要的。在生活绘画和其他观察研究诸如静止的生活中所有这些因素都可能被研究。

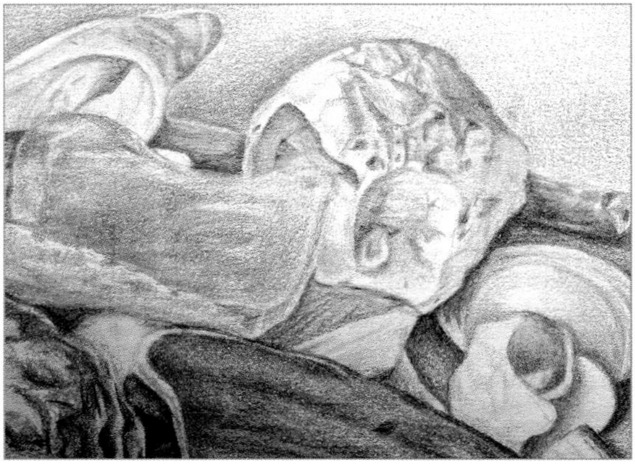

观察绘画，Miranda Davis，英国

观察绘画，Miranda Davis，英国

1 视觉研究，Suzanne Smith，苏格兰
2 视觉研究，Mari Ishikawa，日本，在德国生活和工作
3 视觉研究，Alessia Semeraro，意大利
4 历史研究，Dionea Rocha Watt，巴西，在英国生活和工作

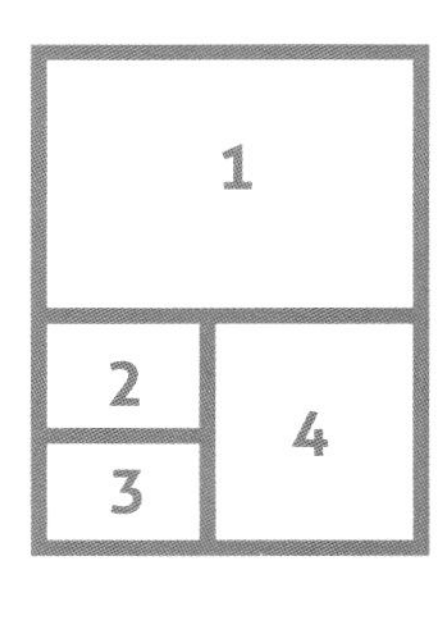

LES GÂTEAUX DE LA MAISON STOHRER
French Patisseries
Puits d'amour
Charlotte aux fruits exotiques
Éclair au chocolat
Tartelette au citron
Opéra
Religieuse au café
Soleil levant
Millefeuille caramélisé
Tartelette Bourdaloue
Forêt noire
Tartelette à l'orange
Figue
Criolo
Barquette aux marrons
Tartelette aux fraises des bois
Nouméa
Charlotte framboises
Baba au rhum
Paris - Brest
Pont-Neuf

研究 (Research)

你的研究将根据你自己的设计说明而不同。研究支持你的作品并且你对研究感兴趣。研究可能包括去看其他人达到目的的解决方法。举例来说，如果你正在设计一款胸针，可能要研究不同时期和文化状态下的不同别针锁扣。

你可能正在研究一些更加抽象的事物。举例来说，如果你正在设计有关牛油果图像或纹理的作品，那么你可能要研究一个牛油果看上去像什么，在不同文化中它是怎么被看待的（它象征什么，它是怎样被采摘或食用的）。去拿一个牛油果来感觉它像什么，它有多重且它闻起来像什么可能是有用的。研究可能会覆盖一些非常有趣的你没想到的东西，它可能会形成你作品的方向。

当你正在研究时，通过筛选出什么是与你的作品相关的、什么是不相关的，以便你不会陷入太多信息中。你可以保留所有信息，但只将那些对你有用的知识信息组织在一起。其他研究可能在其他作品中有用，所以如果你发现一些东西有趣但是与你的设计不相关，保存它以便以后需要。

实验并测试作品 (Experiments & test pieces)

当你不知道首饰到底看上去怎么样或一个在纸上的二维设计图感觉如何时，实验并测试作品是重要的。实验并测试作品也能让你放弃难以预想的结果和那些可能会重复在纸上设计的想法。

材料范围边界能通过测试作品来检查。如果你正在用铸纸做一件手镯，你可能需要去实验纸浆应该做到多干燥时它才会皱缩。实验允许你去用一种物理的方法去研究，认识材料的特性。

许多制作者实验并产生了一系列测试工件，这些工件都带有朝向一个完整的作品的非常小的二维设计图。如果你正在用便宜的材料，这种做法是合适的。少数制作者可能允许自己大量的使用黄金实验。所以尽可能少的实验和多的设计可能是更加合适的。

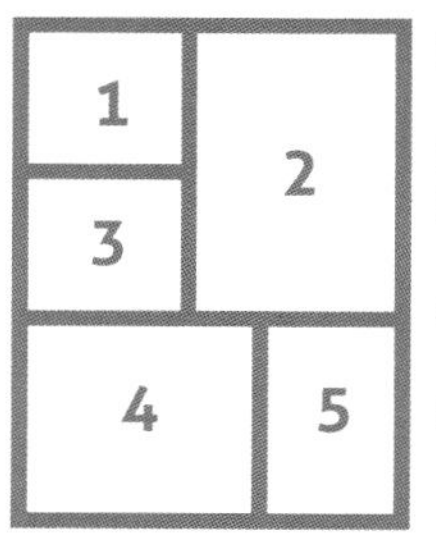

1 **聚苯乙烯测试工件**，Leonor Hipólito，葡萄牙
2 **材料形成**，Jo Pond，英国
3 **使用织物和丝线的测试工件**，Joanne Haywood，英国
4 **纸燃烧实验**，Joanne Haywood，英国
5 **织物测试工件**，Suzanne Smith，苏格兰

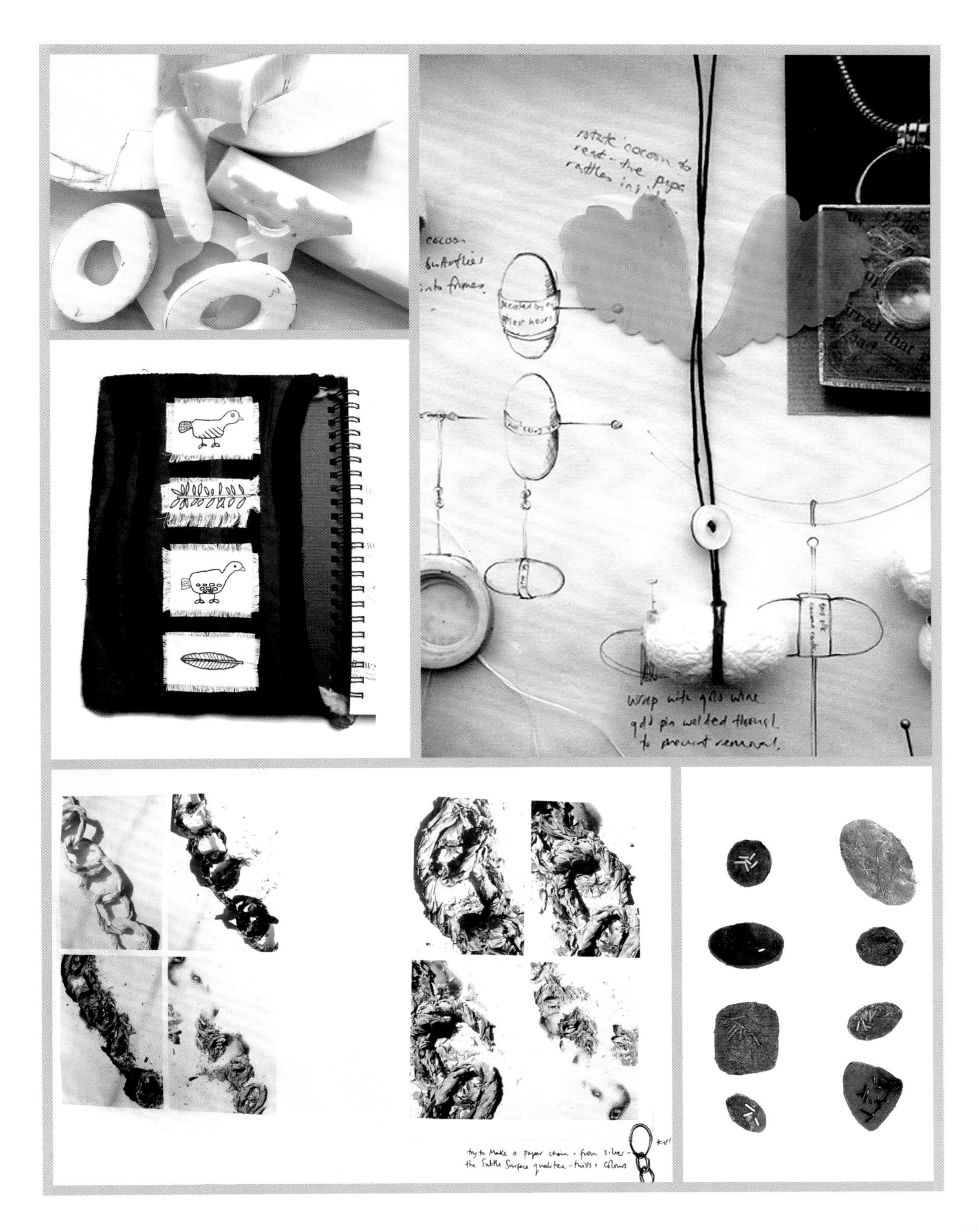

工作过程，Francis Willemstijn，荷兰

工作过程，Ela Bauer，波兰，在荷兰生活和工作

最终的完成阶段 (Working towards a final piece)

用三维测试仪测试过你的想法之后，你可能发现需要重新回到设计册，因为测试可能会抛出一个新的设计问题。举例来说，或许对于这款耳饰你选择的材料太重了，所以你需要决定是把它做的小一点还是保持原来的尺寸去选择另一种材料。或许在开始做之前，一个实验会带来一种新的工艺方法，它需要在一个二维设计中进一步发展。设计与测试之间的循环是设计过程的一部分。如果缩短这个过程的话，这个设计也许无法令人满意，所以要不断地问自己你是否在尽你所能地推动设计，是否还能为一件作品做些什么。一旦你准备着手完成作品，利用所有想法与工艺的积累，甚至当你已完成作品时，你还可以看看是否下次还有哪些需要改善或改变的地方。

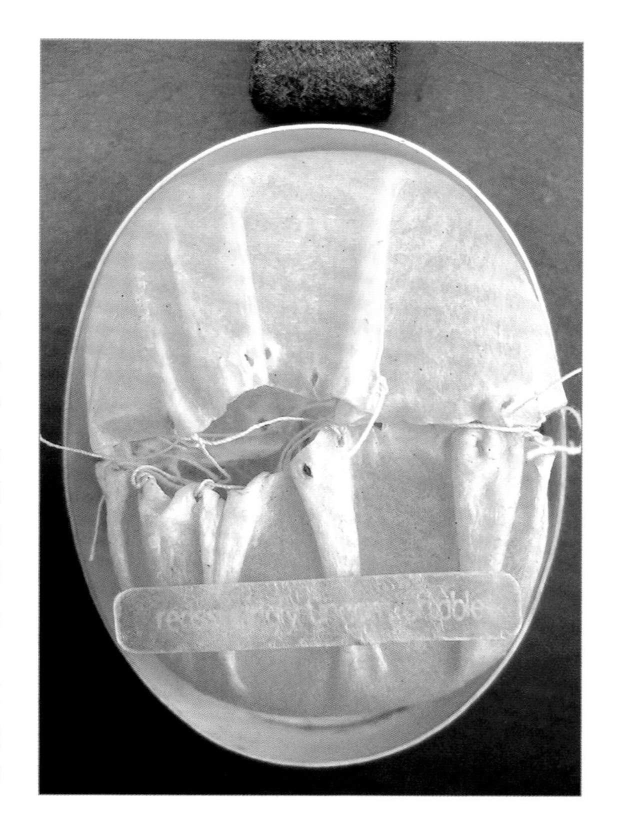

工作过程，Jo Pond，英国

4. 气球花项饰
Balloon flower neckpiece

制作等级
初学者

你需要哪些
材料
- 6个白色气球
- 3个绿色气球
- 钢丝线
- 1串25厘米（10英寸）的淡水珠
- 1串24厘米（9.5英寸）的珍珠母珠
- 1串11厘米（4英寸）的白色玻璃珠
- 1串10厘米（3~9英寸）的绿色玻璃珠
- 1串13厘米（5英寸）的珠光绿色玻璃珠
- 5个22毫米（0.8英寸）的创意纽扣（过去常常用于缝纫的小手工艺品）

工具与对象
- 剪刀
- 缝纫针
- 末端切断钳
- 环氧树脂胶

本章节展示了如何使用气球来制作一条项饰。这种儿童时期的与庆典日相关的材料被改造成花瓣的形状。这些花朵好玩有趣，而且很吸引人。

多样化

你可能用一朵花挂在一串玻璃珠上做垂饰，花瓣可能是不同的长度和厚度，花朵可能是单一的或是多种色彩，所有这些多样性都能够使设计看上去非常不同。

第1步 将白色气球切成条状，尺寸大约1厘米（0.4英寸）宽，且大多数长度为4~6厘米（1.5~2英寸）。每朵花将需要12个白色的条，有5朵花，所以一共需要60个条。切成条状后用剪刀将每一个条的末端剪成圆形。

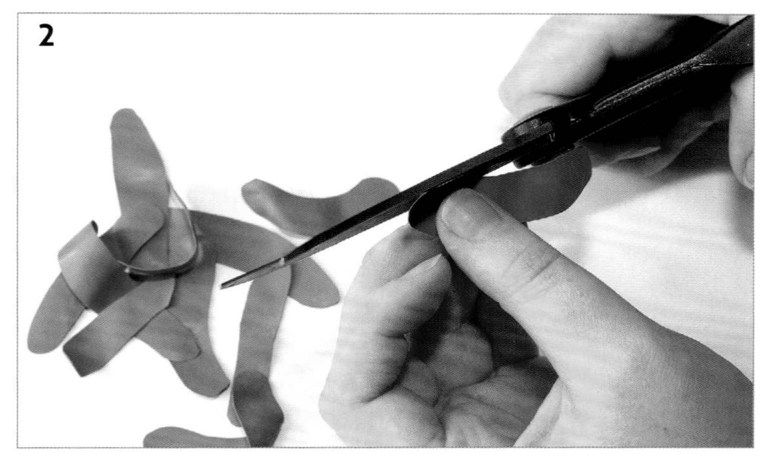

小窍门

如果你不能定位创意扣，你可以用塑料宾卡代替它，并把它切成圆盘。

第2步 绿色气球也进行同样的操作，但这次每朵花需要6个条，共需要30条。

第3步 拿起其中一个创意扣，把一个绿色气球条穿入创意扣里面的洞中，使两个末端从不同的孔中出来（远离固定圈），可以用一个缝纫针推它们穿过小孔，然后将气球条的两头打结，将其固定在位置上。

第4步 重复操作，直到6个绿色气球条都固定在创意扣的洞上。修剪装饰那些太长的或不合适的地方。

健康与安全

钢丝是非常有弹性的，使用钢丝时要小心，避免它靠近眼睛。

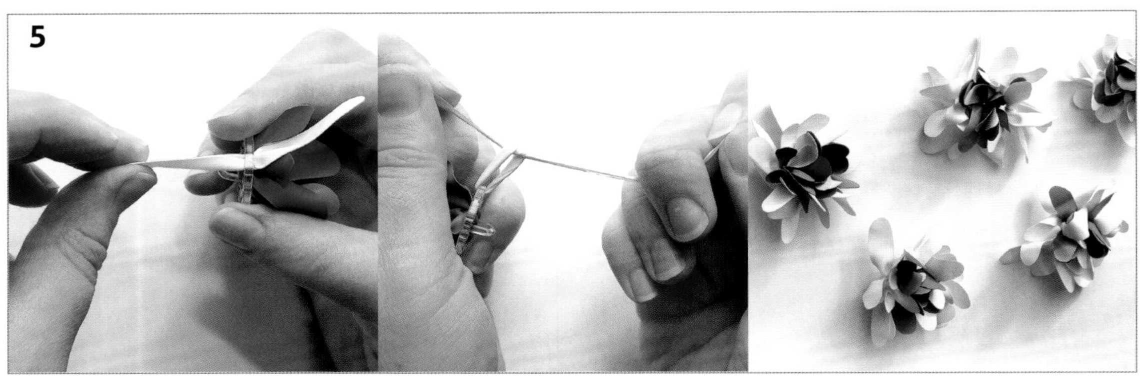

第5步 然后将白色的气球条固定在创意扣外围的洞上，对所有的末端修剪或重新修形，直至满意。重复第3步到第5步，完成5个花朵。

第6步 将100厘米（40英寸）的钢丝系在其中一个花朵的背面。这个操作尽可能整洁紧固，每边留出一段同样长度的钢丝，花朵的背面应该看上去像前面一样整洁。

第7步 将淡水珠穿在钢丝上。钢丝足够刚硬，不需要任何针就可以直接穿珍珠。

第8步 穿好所有的珍珠后，卷绕末端穿入下一朵花的背面（围绕钩圈），需要将其弄紧固。

第9步 先穿珠光绿珠，再穿上其他的花朵。然后在靠近珍珠的另一端穿上暗绿色的珠子。加上另一朵花和珍珠母珠，然后加上一朵花。接着，靠近珠光绿珠加上白色玻璃珠。

第10步 通过将钢丝末端穿过钩圈（像前述那样），将两端固定在一起。然后打结并用末端切断钳剪掉末梢，留下几毫米的钢丝。然后，加一点环氧树脂胶将它固定在位置上以保证安全。

艺术画廊
(The gallery)

1	2	5	6
	3	7	8
	4		

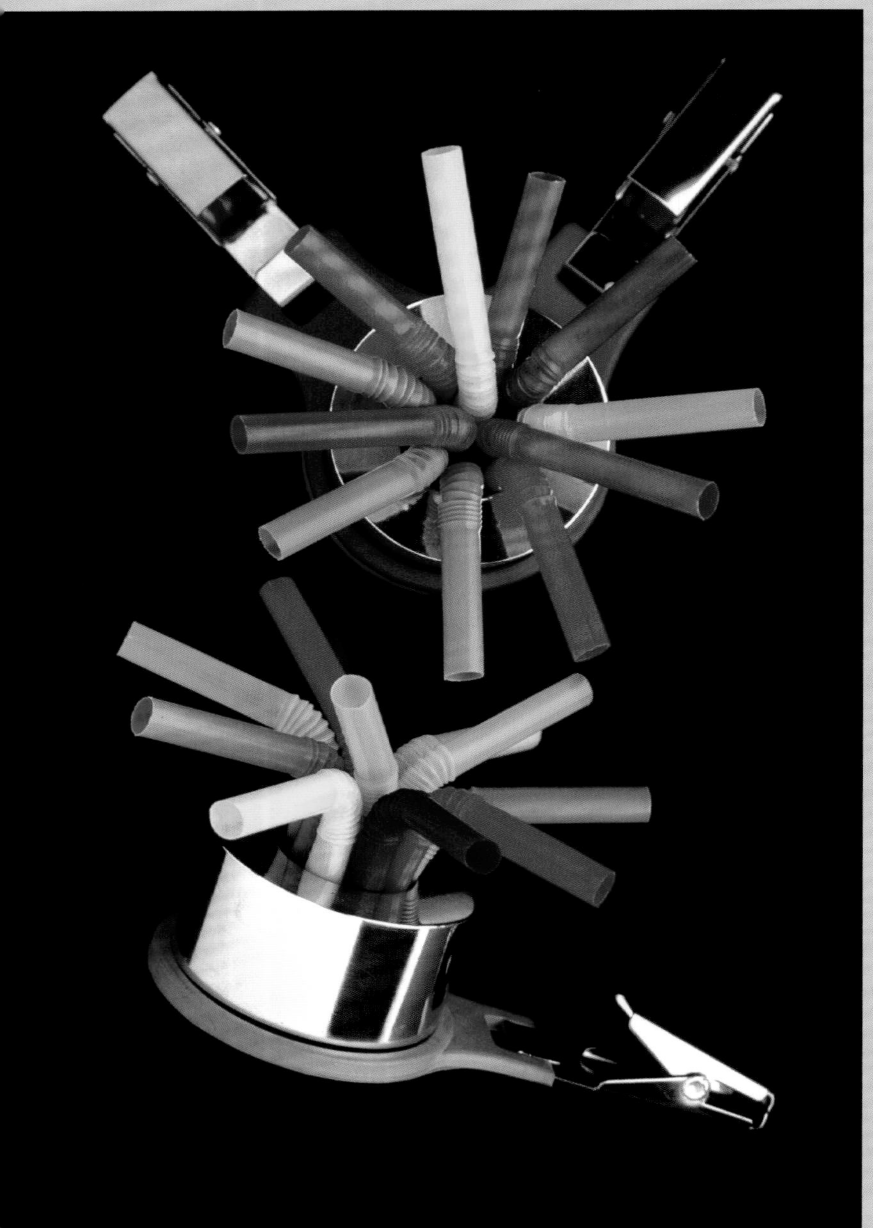

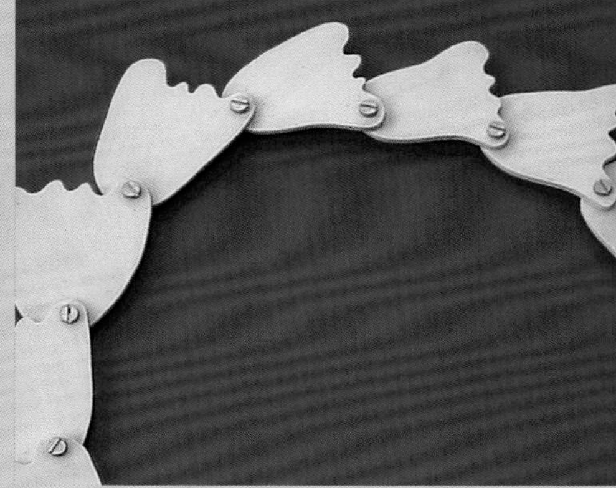

1 **胸鳍，**Marco Minelli，饮用吸管，塑料，综合材料，2007，意大利
2 **我的花园——项饰，**Silvia Walz，铜，珐琅，银，钢，纺织品，3.5厘米×50厘米×1厘米，2006，德国，在西班牙生活和工作
3 **郁金香——项饰，**Ineke Otte，木材，金属，喷漆，25厘米×25厘米，2000，荷兰
4 **手套的梦想——项饰，**Min-Ji Cho，橡胶手套，18K金，贝壳珍珠，金箔叶，丙烯酸塑料，32厘米×47厘米×3.5厘米，2007，韩国，在伦敦生活与工作
5 **二元论——戒指，**Mi-Mi Moscow, Melhior，纸，尖钉，修好的贴甲，11.5厘米×30厘米，2006，俄罗斯
6 **褶裥手镯，**Christine Dhein，胶乳橡胶，925标准银，7.5厘米×7.5厘米×2厘米，2006，美国
7 **浸针，**Lina Peterson，铜，钢，施华洛世奇水晶，塑料，8厘米×5厘米×1厘米，2007，瑞典，在伦敦生活与工作
8 **项饰，**Ela Bauer，硅胶，丝线，颜料着色，35厘米×4厘米×2厘米，2004，波兰，在荷兰生活与工作

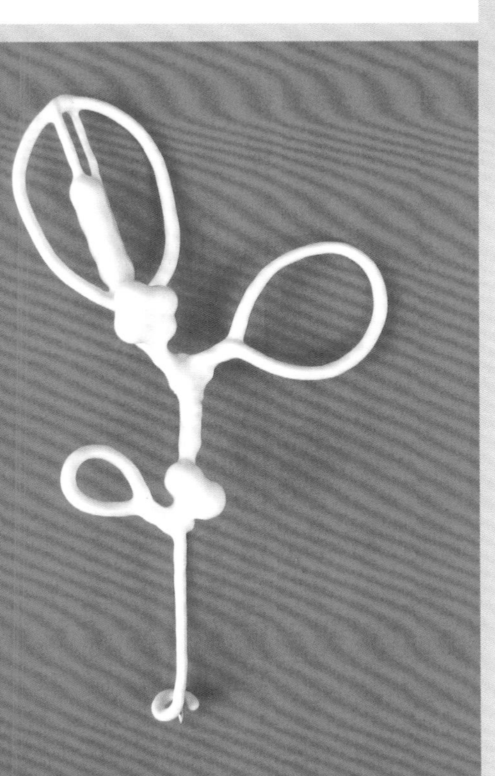

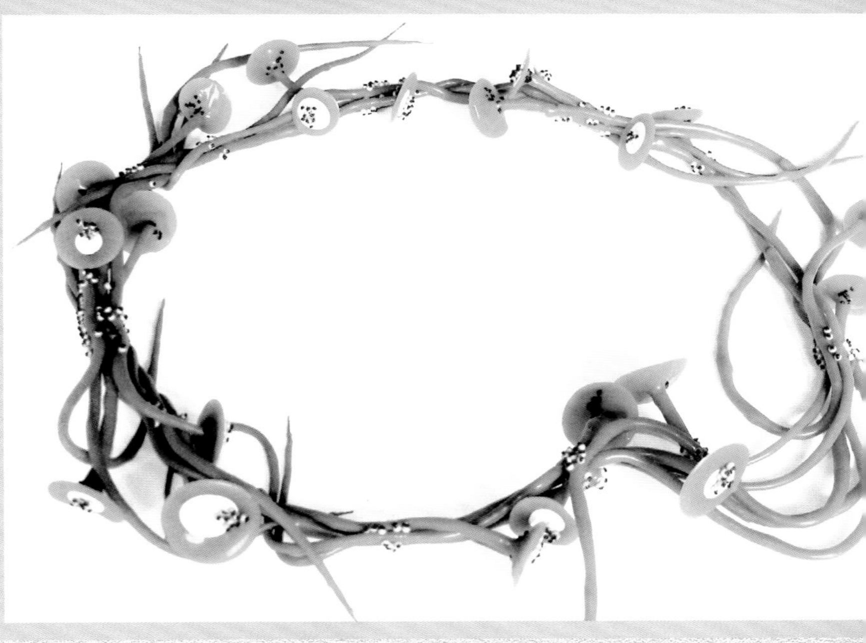

5. 串珠胸针 Bead brooch

制作等级
初学者

你需要哪些
材料

- 黑色玻璃珠
- 白色玻璃珠
- 1个6毫米（0.2英寸）9K金珠
- 银脚线0.9毫米（0.04英寸）粗，60厘米（24英寸）长

工具与对象

- 针锉
- 末端切断钳
- 安全镜
- 砂纸或砂块
- 反向夹
- 圆嘴钳
- 酸洗液和水
- 手持火炬和一般加热材料（在基础首饰工艺章节有列表）

本章节展示了如何用玻璃珠和脚线制作缠绕卷曲的胸针。单个金珠的加入给胸针增加了一种珍贵的材料。这款胸针对于任意水平的制作者来说都能完成。除些之外，本章还介绍了两种首饰加工的基础工艺。

多样化

尝试在玻璃珠中添加同样形状和尺寸的金珠或银珠。再试一下为了效果明显多放几个，或者分散在玻璃珠之间。

第1步 取1根60厘米（24英寸）长、0.9毫米（0.04英寸）粗的银脚线。如果从较长的卷曲端去掉一些长度的话，用末端切断钳剪切。把银脚线放在加热垫上，用反向夹在末端5厘米（1.9英寸）处夹持住。用你的手炬加热直到末端开始处熔化成一个小球。当小球开始熔化时，你可以通过沿着银脚线移动火炬的方式让小球变得更大。

第2步 在水中对金属丝进行淬火。这时你可以在酸洗液中清洗干净银脚线，如果你更喜欢暗黑的表面，也可以不清洗。

小提示

脚线通常用钢制作而成，因为钢是一种有弹性的材料，能保持形状。本章用的银脚线是能够买到的专门的有弹性的材料。因为标准银不够硬，当你重复操作时它很容易弯曲。

第3步 然后需在银脚线的另一末端做一个别针。拿一个针锉打磨末端使其逐渐变细成一个光滑的点。然后用砂纸或砂块抛光，使其表面光滑。如果表面粗糙的话，它就会看上去像没完成的作品一样，且不那么容易顺利地穿过衣物。

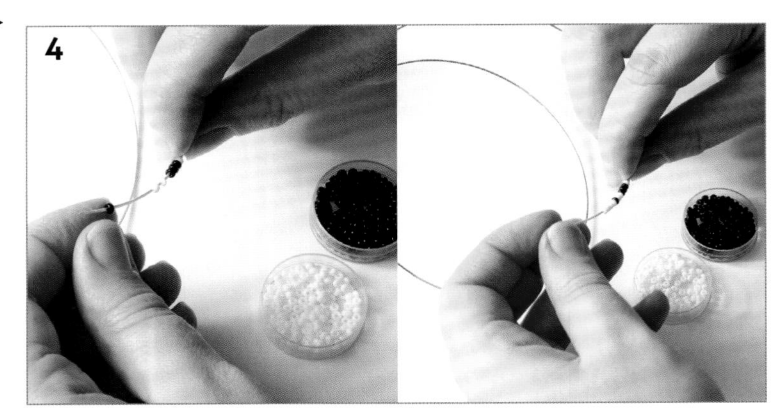

多样化

你可以给胸针增加其他的材料。尝试用小纽扣、贝壳或纸、纤维。

第4步 将黑白玻璃珠一个一个地穿在银脚线上。这一章节的设计要点是它可以允许无数可能的配色方案和有韵律的图案的存在。以我个人作品为例，我让图案看上去自由自在，我随意地将它们穿到银脚线上，这样做比按照图案和秩序做要容易。你可能想先通过拿实际的珠子穿在脚线上玩来设计你的图案，你可能只是单纯地把它们拿下来再重新开始，或者你更喜欢先在纸上设计好图案。

第5步 继续将珠子穿到银脚线上，直到剩下14厘米的银脚线。然后穿上金珠，再继续穿更多的黑白玻璃珠到银脚线上，直到剩下8厘米的银脚线。

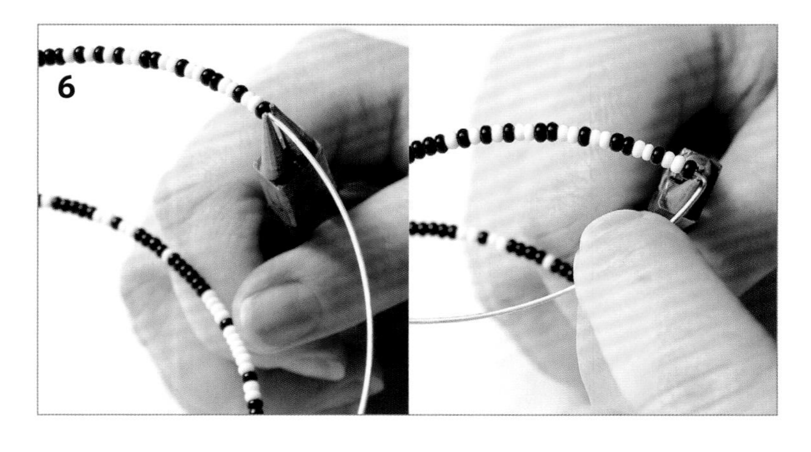

第6步 用圆嘴钳稳固地夹持住珠子末端，弯曲银脚线。这样既可以让穿好的珠子不要沿着银脚线移动，也可以用剩下的银脚线来做胸针。

7

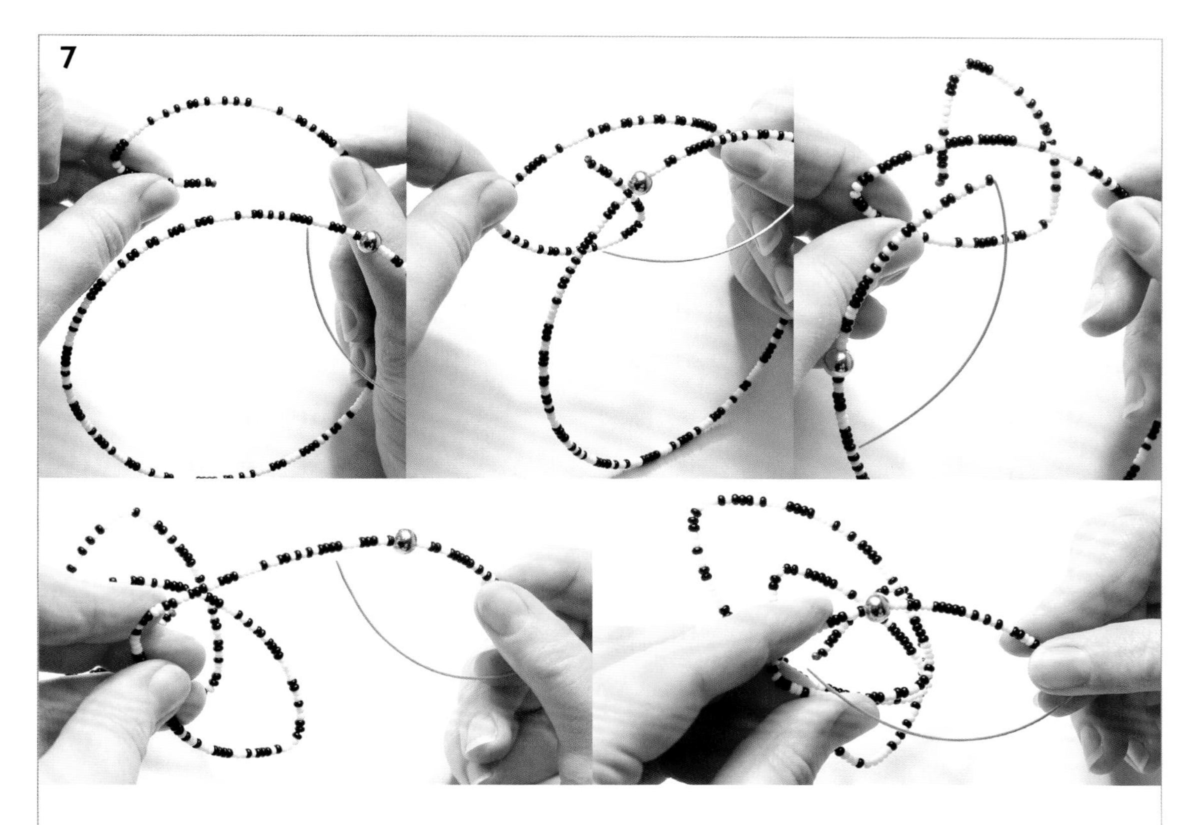

第7步 拿持住小球末端的银脚线，用手将银脚线弯曲成螺旋形状。每一次弯曲前都考虑一下最后的形状，戴上安全护目镜，因为当你这样做时，拐角的珠子有可能突然碎裂，如果发生这种情况不要担心，碎裂的珠子很容易从银脚线上掉落下来。

8

第8步 做最后的调整与布置，直到你满意为止。你可能发现卷绕着移动结构且把小球末端放在整个布局的前面是有用的。

健康与安全

注意确保胸针的针头不要太尖锐，因为你要贴身佩戴它。

艺术画廊
(The gallery)

1	2 / 3 / 4	5 / 7	6 / 8

1 **王冠首饰**，Åsa Lockner，银，丝线，玛瑙，18厘米×27厘米×1.5厘米，2007，瑞典

2 **双色网版2——胸针（背面）**，Stefan Heuser，银，珐琅，100粒尖晶石，7×9厘米，2007，德国

3 **St.Ray Gaurino 的荣光：他是艾滋病病人的赞助商，被同性恋老师祈求救助**，Angela Gleason，塑料，橡胶，针灸用的针，14K黄金，14厘米×6.5厘米×4厘米，2001，美国

4 **项饰**，Paula Lindblom，塑料容器，玻璃珠，尼龙线，链条长120厘米，吊坠大约9厘米×11厘米，2007

5 **项饰**，Ela Bauer，硅胶，碧玉，珊瑚，玻璃珠，38 厘米×7厘米×3.5厘米，2007，波兰，在荷兰生活与工作

6 **花托——项饰**，Joanne Haywood，氧化的银，纺织品，大约40厘米×1厘米×1厘米，2006，英国

7 **碧玉团——耳饰**，Polly Wales，银，碧玉，约4厘米×4厘米×0.6厘米，2007，英国

8 **项饰**，Karin Seufert，塑料，银，玻璃，聚亚安酯，珊瑚，PVC，照片，珐琅，22厘米直径，2006，德国

6. 蓝鸟胸针 Bluebird brooch

制作等级
初学者

你需要哪些
材料

- 淡蓝色棉线
- 白色棉线
- 10厘米（3.9英寸）长的编织针
- 从复活节的小鸡玩具中拆下来的脚
- 1个黄色罗威纤维管
- 蓝色美利奴羊毛毡
- 两个小的蓝色珠子
- 棉线（颜色与珠子相似或相同）

工具与对象

- 2毫米（0.08英寸）钩针
- 2~3毫米（0.08~0.1英寸）编织针
- 缝纫针（对棉线来说要足够大）
- 深蓝色用于金属的喷漆
- 末端切断钳
- 废纸或报纸

本章节展示了怎样用传统的编织和钩织的方法沿着某个日常物体做胸针。你可以根据自己的品位改变色彩或者开始就自己设计一个鸟嘴状的生物造型。

多样化

改变线的色彩能够改变小鸟胸针的特性。尝试用黑线做一个黑鸟胸针或用深棕色和红色线做一个知更鸟胸针。

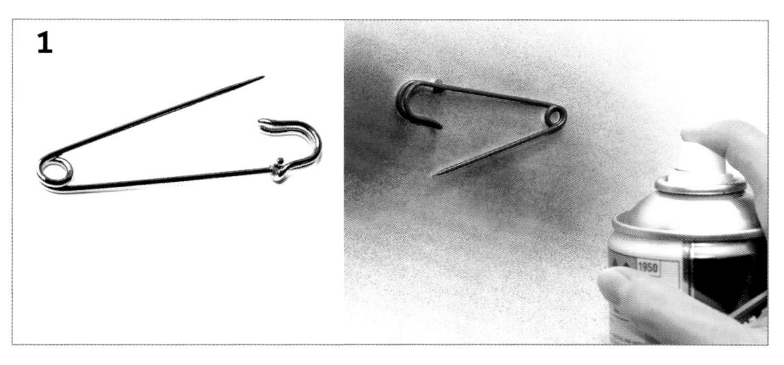

健康与安全

小心仔细地给胸针喷漆。确保在通风良好的地方使用喷漆。在操作前认真阅读喷罐上的使用说明。

第1步 松开一个10厘米（3.9英寸）的胸针。把它放在一张废纸上并且用金属喷漆给它的一面喷漆。等其干燥后把它翻过来，喷另一面并待其干燥。记得总是要按照喷罐上的特定的使用说明来操作，因为干燥时间不同，也有可能需要不止喷一次漆。

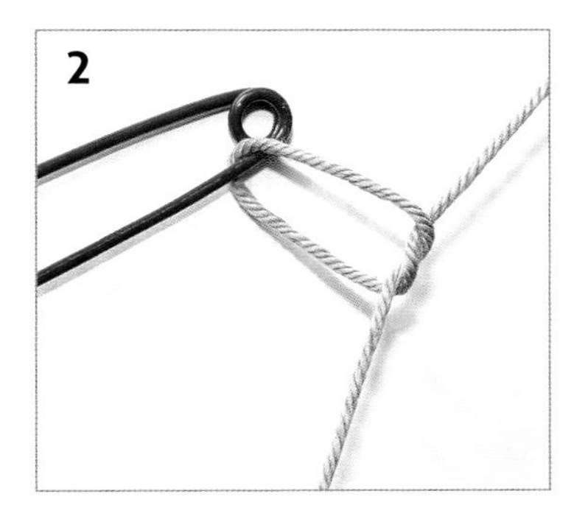

第2步 取淡蓝色棉线和2毫米（0.08英寸）的钩针。围绕别针圆圈的下部（不是将来要别在衣服上的一端）系一个绳结，确保你要留下10毫米（3.9英寸）长的棉线作为保护。当你正在操作时要确保别针被系紧了。

多样性

你可能喜欢使用不同粗细的棉线和钩针，并且尝试用平纹编织或隔行正反编织法去创造出一种不同的表面。

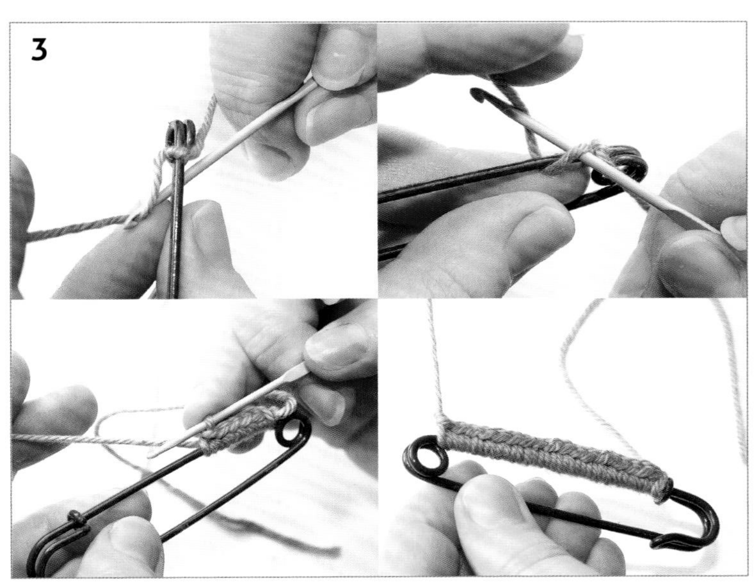

第3步 围绕别针钩住棉线，做一个环钩进去，钩这个环并且围绕针缠绕，拉另一个环穿过去，直到整个针的下面部分都被覆盖。

第4步 在钩织结束的地方拿起你的编织针，用棉线在编织针上打一个滑结。

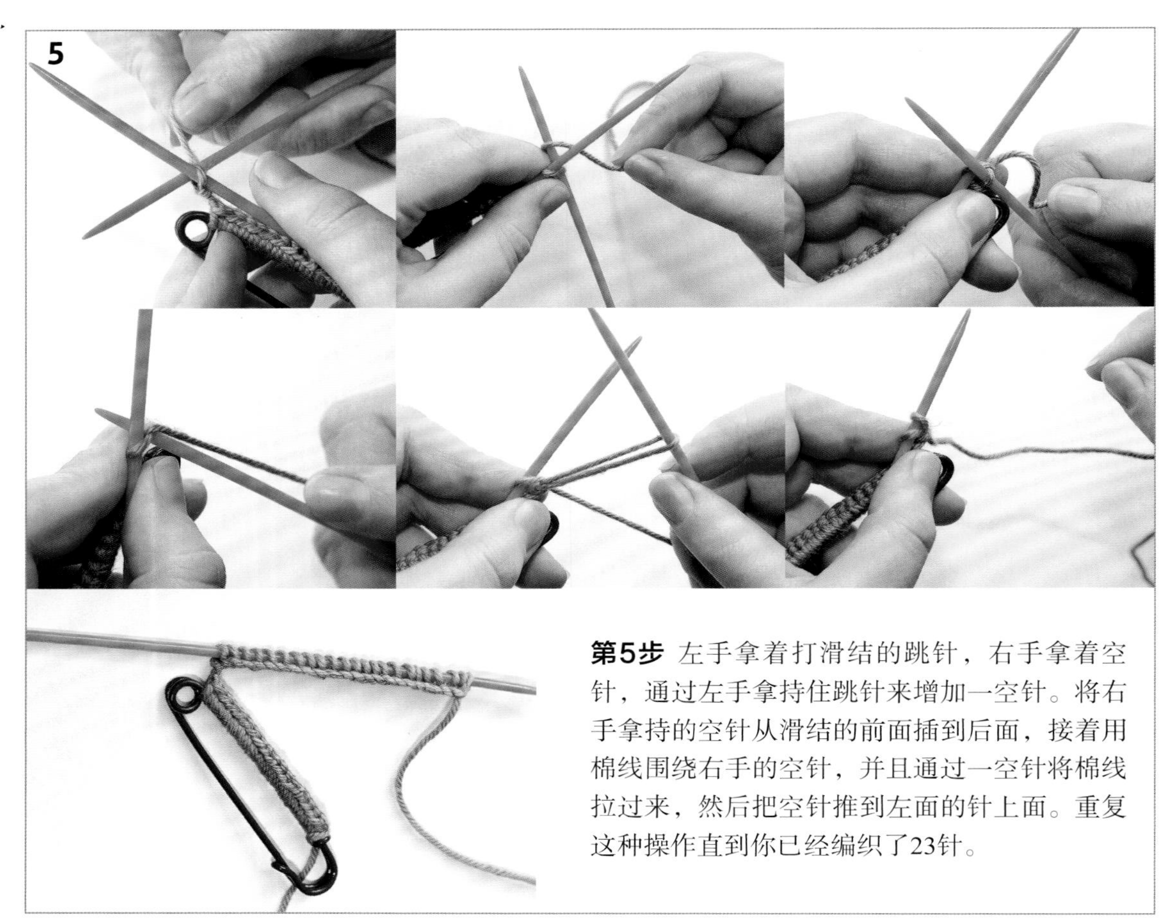

第5步 左手拿着打滑结的跳针，右手拿着空针，通过左手拿持住跳针来增加一空针。将右手拿持的空针从滑结的前面插到后面，接着用棉线围绕右手的空针，并且通过一空针将棉线拉过来，然后把空针推到左面的针上面。重复这种操作直到你已经编织了23针。

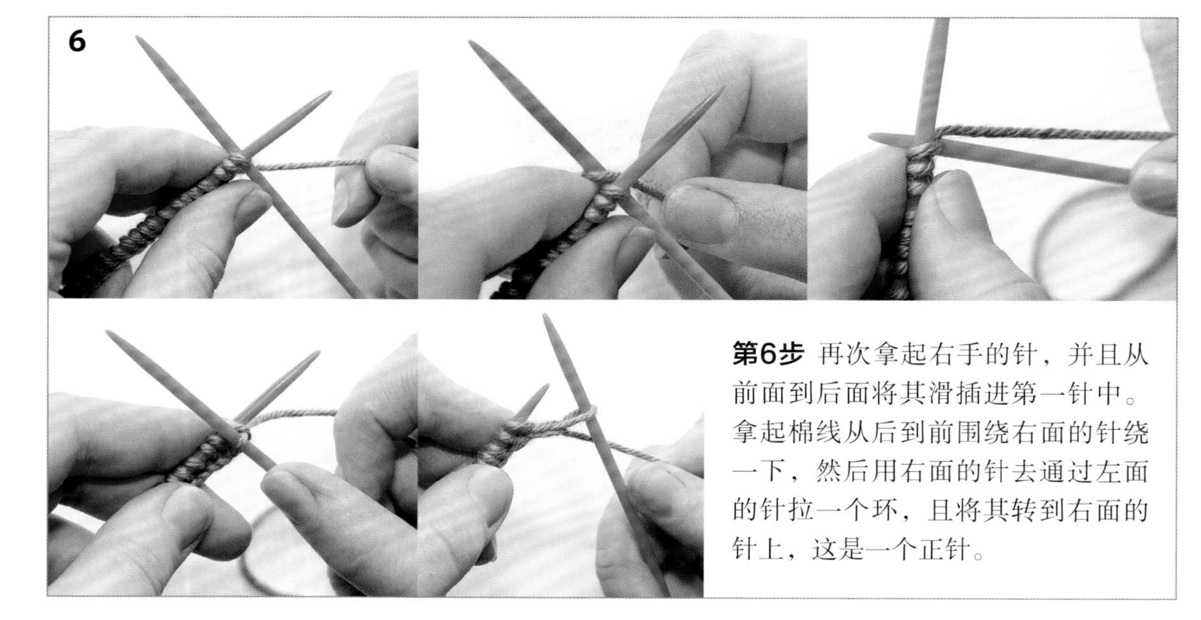

第6步 再次拿起右手的针，并且从前面到后面将其滑插进第一针中。拿起棉线从后到前围绕右面的针绕一下，然后用右面的针去通过左面的针拉一个环，且将其转到右面的针上，这是一个正针。

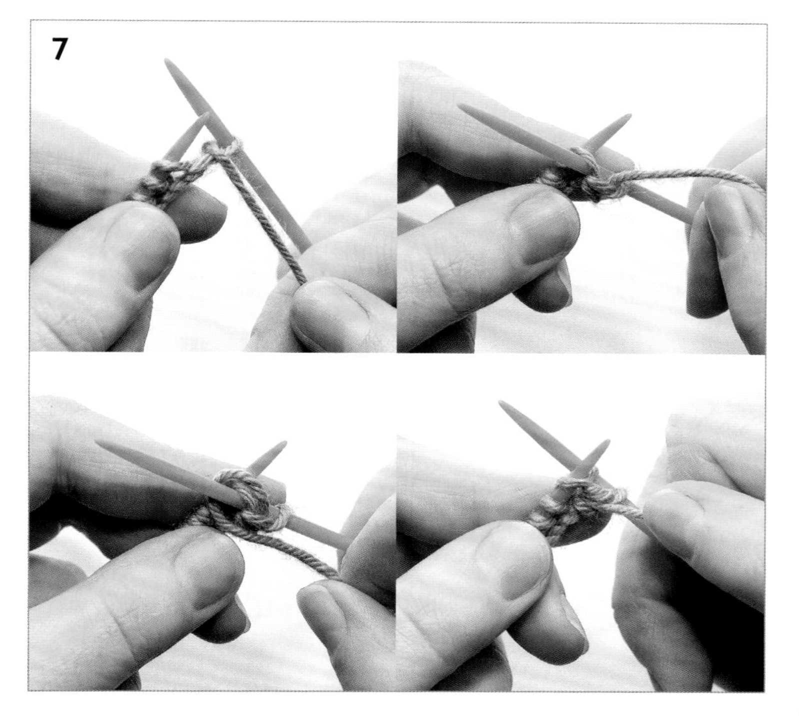

第7步 拿起棉线并把它放在右面的针的前面，将右面的针滑插入左面的下一针中，这次插到前面。拿起棉线并从右面向前面围绕右面的针打个环。将右面的针向下钩住棉线环将其带出来，并且将其转到右面的针上，这是一个反针。

多样性

尝试做一个不同动物的胸针，举例来说，一只腊肠狗。对你的设计而言，去调整编织的长度和形状可能相对容易些。

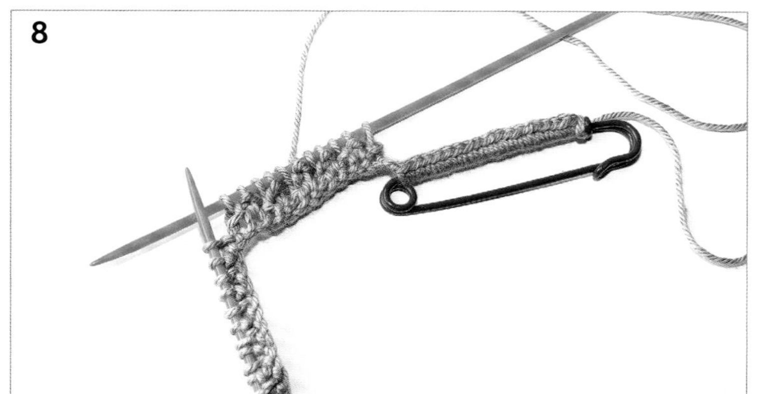

第8步 将棉线拿到右面针的背面且重复正针。继续从正针改变到反针直到所有针都转到右针上。然后拿起右针，将它转到左手上，且像之前那样开始织另外一行——正针，反针，正针，反针连续进行。

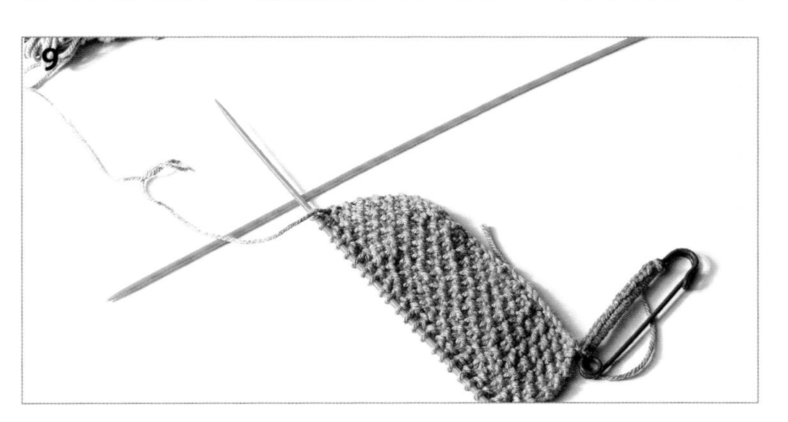

第9步 继续编织，直到编织品达到长5厘米（1.9英寸）为止。通过交替的针法，创造出一种被称为青苔绣的图案。这是采用奇数针的操作方法，如果换成偶数针，会出现截然不同的图案，被称作罗纹针法。

第11步 剪下来一段60厘米（24英寸）的棉线，用较短长度的棉线围绕别针缝补编织品松松的边缘。

第10步 通过在右面的针上编织头两针来松开编织品，然后用左针的顶端在第二针上面钩第一针，之后松下来收针。编织另一针以使你在右针上有两针，再次在第二针上面钩第一针。继续操作直到你把所有的针都松下来收针。当只剩下一针时你可以将线打成结。

第12步 对折编织品的底边，并且将其缝到一起。沿着你缝好的地方把棉线拉回去。

第13步 用你准备好的美利奴羊毛毡来填充进口袋中，并且沿着顶端上面一直缝到毛毡的内部。

第14步 用同样的棉线缝上脚和罗威纤维管嘴。如果你发现纤维管嘴太长的话，你可能需要用末端剪断钳剪掉一段纤维管嘴。脚和嘴应该很容易缝到位置上。可以先把嘴插进编织品中，再用针固定。

第15步 最后，通过把一个法式结缝进两面中当作眼睛。将白色的棉线缝在眼睛的位置上，将棉线围绕缝针三圈且拧成一束。然后，当你正用左手拇指拿持住它在位置上的同时，将白棉线穿过同一洞，以便它干净整洁地通过。在另一面重复同样地操作，并且接着在上面缝两粒珠子上去。注意，任何松散的丝线或棉线都会使缝好的眼睛从编织品中掉落。

艺术画廊 (The gallery)

1	2	4	5	6
	3	7	8	

1 **带缎带装饰的骨头项饰，**Tina Lilenthal，聚酯树脂，银，5厘米×2厘米×2厘米，2004，德国，在英国生活和工作

2 **毛伊岛的生日——手镯，**Lynda Watson，标准银，红，粉红，黄，绿，14/18K金，铅笔画，手表水晶盘面，在毛伊岛收集的普克珠贝，20厘米×11厘米×2厘米，2002，美国

3 **（南非）海岛猫鼬Don Q，**Felieke Van der leest，塑料，纺织品，银，10厘米×4厘米×5厘米，2006，荷兰

4 **波卡尔圆点小鸡胸饰，**Marcia Macdonald，木头雕刻，喷漆，纯银和回收锡皮，9厘米×6厘米×2厘米，2005，美国

5 **书盒——吊饰，**Cynthia Toops和Daniel Adams，聚合物黏土，手工装订的书（标签），玻璃（亚当斯），铅笔，玻璃珠，银，橡胶绳，铅笔橡皮，刷子，8.9厘米×5厘米×3.8厘米，1999，美国

6 **橙色预警，**Angela Gleason，枫木，银，眼镜镜片，物体，9厘米×6.5厘米×1.5厘米，2006，美国

7 **生活的两面性——胸针，**Tabea Reulecke，珊瑚，木头，珐琅，铜，油漆，石榴石，10厘米×12.5厘米×0.5厘米，2006，德国

8 **通勤者训练手镯，**Kristin Lora，银，训练装置人物，2.5厘米×18厘米×2厘米，2007，美国

7. 书和铂叶手镯
Book & platinum leaf bangle

制作等级
初学者

你需要哪些
材料
- 分类商店中的书
- 蜡纸上的铂叶
- 白色羊毛松紧带
- 一般作用的胶水
- 用于修整的蜡和一块软布

工具与对象
- 帆喷胶
- 长缝纫针
- 切割垫和外科手术刀
- 钢尺和铅笔
- 2毫米（0.08英寸）的编织针

小窍门

喷胶底座能用来替代帆喷胶。

彻底改造一本不喜欢的书用它去做一个有弹性的手镯。你可能会在分类商店中发现一些因年代久远而变得更加可爱的平装书，偶然设置的语言使人读起来非常有趣。你可以选择一个神秘的悬疑小说、科幻小说或者浪漫小说去做首饰。

多样化

你可以用其他国家的报纸或者用一本书专门为某人做一件礼物。

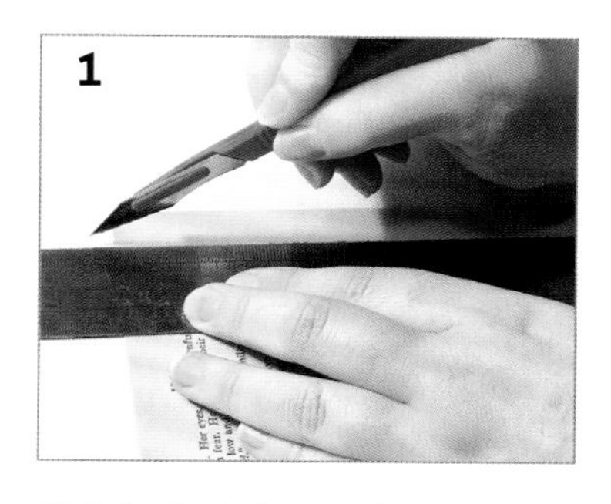

第1步 拿出书小心仔细地撕下5页。修剪页面并去掉空白的页边。修剪成长度大约15厘米（6英寸）。可以用一根铅笔和钢尺来确定尺寸，用手术刀来切纸。

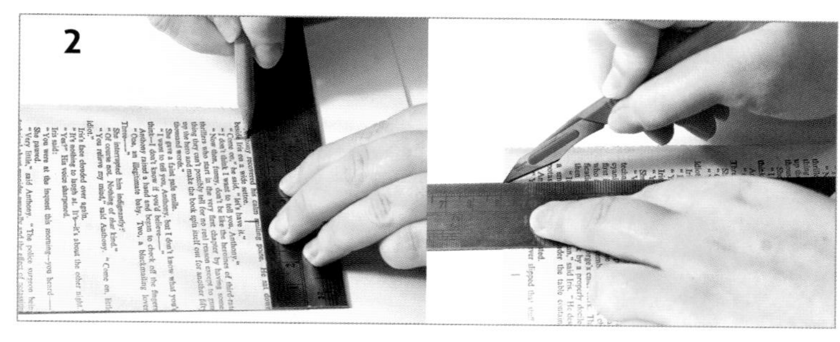

第2步 切成尺寸为4厘米×15厘米（1.5英寸×6英寸）的纸条。

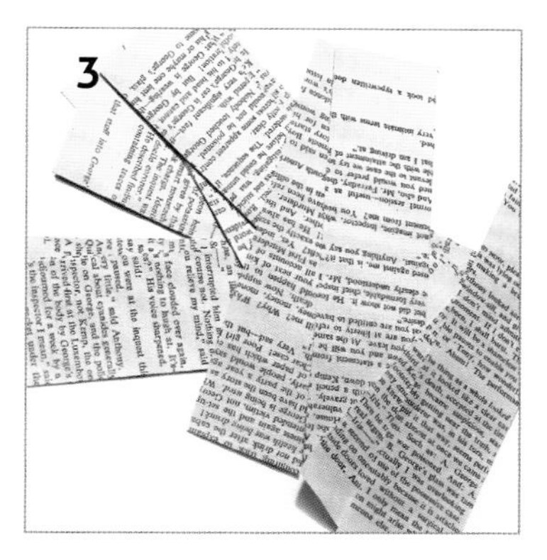

第3步 继续重复第1步和第2步直到做好34个纸条。

第4步 将一个纸条围绕一根2毫米的编织针紧紧地卷起来。尽量保持其平整地靠近编织针，以使其不要一头变尖。如果一头尖一头粗的话就重新卷一遍，或者把它从针上拿下来，把它推回到原位再放回编织针上。

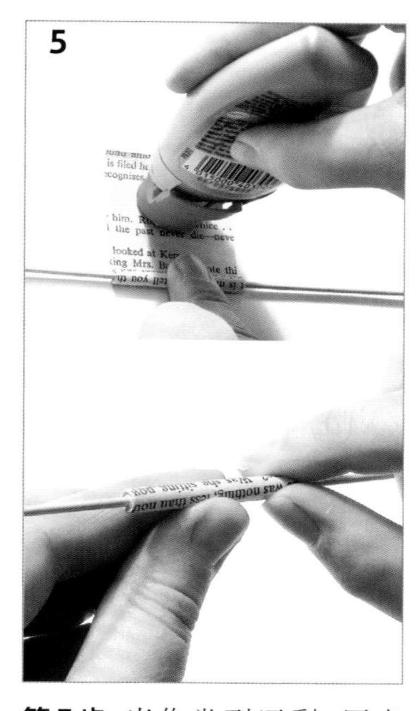

第5步 当你卷到还剩4厘米（1.5英寸）的纸条未卷时，放少量的普通胶水将其抹平，一直涂到纸条的末端，然后继续卷下去形成一个卷筒状。

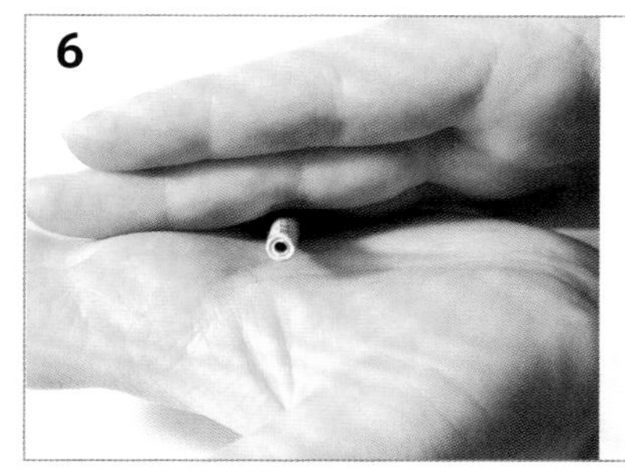

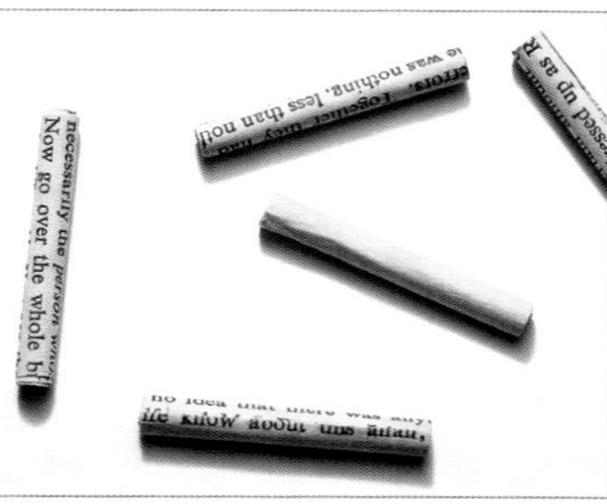

第6步 将纸管从编织针上取下来并且用手滚一下确保它粘贴的牢固，做完全部34个并彻底干燥。

第7步 拿出一根长50厘米（19.6英寸）的白色羊毛松紧带并且把线穿在一根长缝纫针上。将松紧带穿过其中一个纸管，然后，再将松紧带穿过第二个纸管，并且再回到第一根纸管中，现在两个纸管就连在一起了。

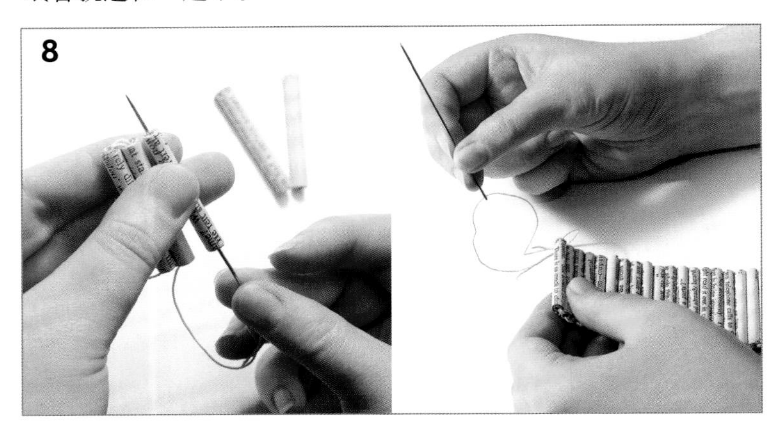

第8步 将松紧带通过两个纸管将更多的纸管穿在一起，然后再靠近第二个纸管增加另一个纸管，连续不断地将纸管穿在一起，直到34个纸管都穿在了一起。当你的松紧带太短的时候，通过确保两头都打了结的方式来增加一段松紧带，尽量让打的结藏在纸管中不被看到。

第9步 通过串缝将两个末端连接在一起（像以前一样），然后打3个结来保证其牢固安全。在打结前先将它们推紧并且用这种方式松紧带末端将可能弹回到最后的纸管中。

小窍门

你可以尝试一下不同色彩的金属箔，比如绿金、铝或者铜。

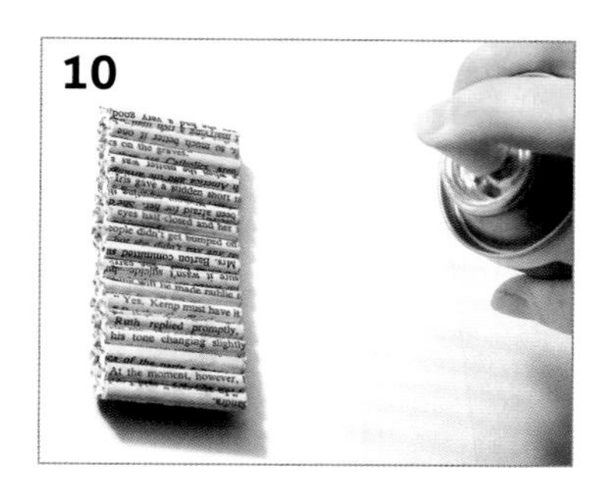

第10步 把手镯放在一张废纸上。用牛皮纸胶轻轻地喷涂表面，确保你是按照使用说明中的距被喷物体合适的距离操作。记得摇一下喷罐。

第11步 拿起手镯并且在铂金箔上滚动喷好胶的一面。擦亮表面并且剥掉一层箔片，铂金应该粘在了表面，但是你可以继续压铂金叶到表面上直到你对效果和覆盖范围满意为止。

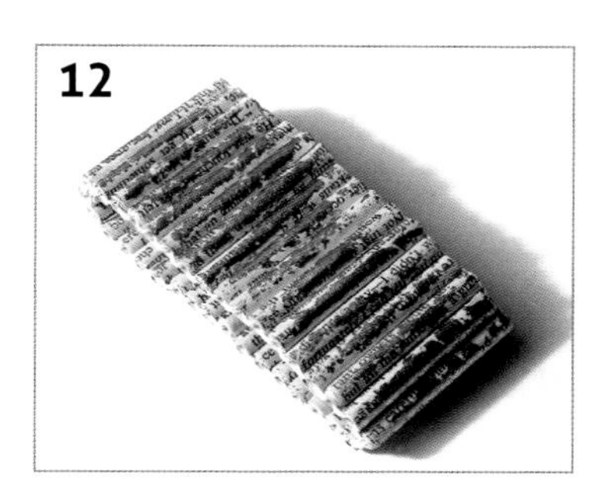

第12步 对手镯的反面重复上面的操作。

第13步 干燥并在其表面增加一层蜡保护层，这个手镯就完成了。这不仅可以保护铂金叶而且也给书页的美丽增加了特殊的色彩。涂抹一点蜡在软布上，然后轻轻地擦亮表面，如果你认为需要的话还可以再涂一层。

健康与安全

为了保护好作品表面不要粘了胶，记得将报纸和废纸放在手镯下面。

喷胶时要在一个通风良好的地方，并且总是在使用前阅读使用说明。

用手术刀和钢尺时要小心，确保你的手指远离刀尺的边。

艺术画廊
(The gallery)

<table>
<tr><td rowspan="3">1</td><td rowspan="2">2</td><td>4</td><td rowspan="2">7</td></tr>
<tr><td>5</td></tr>
<tr><td>3</td><td>6</td><td>8</td></tr>
</table>

1 **同盟26年——项饰，巢箱（以项饰的形式展示）**，Linda Kaye-Moses，925银，14K金，现有的物体，随机现有的纸，皮革，项链，11.5厘米×2.5厘米×12.5厘米，巢箱37.5厘米×22.5厘米×10厘米，2004，美国

2 **戒指**，Stefano Zanini，古旧的铁，金，4厘米×2厘米×0.7厘米，2007，意大利

3 **书——戒指**，Fabrizio Tridenti，银，纸，丙烯酸塑料，8厘米×2.6厘米×1.7厘米，2006，意大利

4 **无题6——胸饰**，Hu Jun，黄铜，银，天然漆，7.8厘米×7.2厘米×1厘米，2007，中国

5 **大红木碗戒指和成对的盘形耳饰**，Kate Brightman，红木，9K金，金箔叶，戒指6厘米直径，耳饰2.5厘米直径，2007，英国

6 **N° 979——胸饰，花园系列**，Ramon Puig Cuyàs，银，塑料，电气石，珊瑚，缟玛瑙，金箔叶，7厘米×5厘米×1厘米，2004，西班牙

7 **玛莎——胸饰**，Rachelle Varney，钢，用棉填充，现有物体，盒子12厘米×10厘米×2.5厘米，胸饰3.5厘米×5厘米×10厘米，2007，英国

8 **独自坐在那儿——胸饰**，Jo Pond，高档羊皮纸，银，纸，画笔，钢，12.5厘米长，2007，英国

8. 罐头和乳胶项饰
Can & latex neckpiece

制作等级

初学者

你需要哪些

材料

- 3个空的冲洗过的不同色彩的饮料罐
- 乳胶弹性鱼线

工具与对象

- 2毫米（0.8英寸）的编织针
- 铁皮剪或剪刀
- 一个划线器
- 圆嘴钳

本章节展示了怎样用回收的饮料罐和乳胶弹性鱼线制作一串项饰。自己选择不同的色彩和长度来设计。只需要非常少的工具材料，初学者就能完成它。

小窍门

可以购买各种不同粗细、不同色彩的弹性鱼线。这些色彩与弹性鱼线的粗细相适应。

多样化

尝试自己设计一些变化。你可能只用一种色彩，做较短的或较长的项饰，把每一个卷珠做的比较小，在每一个卷珠之间系更多的结或者把结系得比较紧。

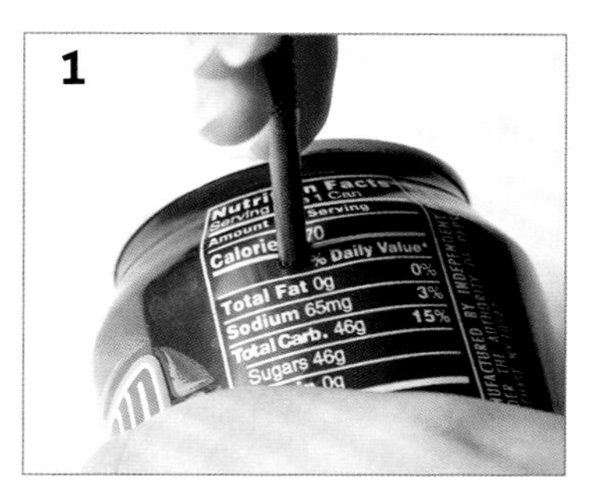

第1步 拿出其中一个空饮料罐，用划线器在靠近上端的位置钻一个洞，操作时你需要相当坚定。

第2步 沿着饮料罐的上部剪切掉边缘，再剪切掉另一端，只剩下一片金属片。如果金属片不平整就把边缘修剪干净。

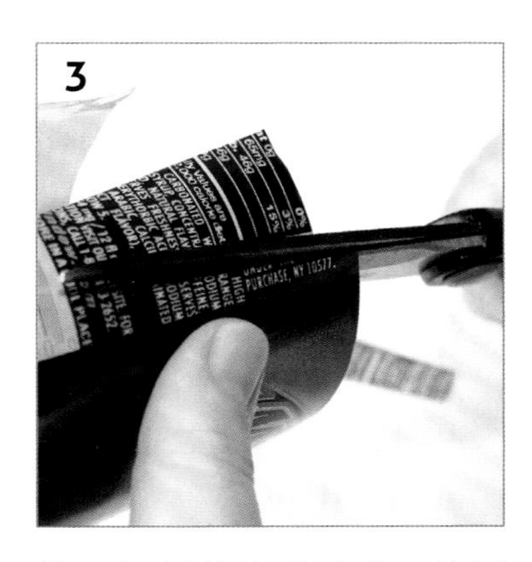

第3步 用铁皮剪或剪刀按照“一边2~3厘米（0.8~1.2英寸），另一边5~10厘米（0.19~0.4英寸）”的尺寸沿着饮料片的宽度方向切出锥形片。它们可能有多种多样的尺寸，这些不同的尺寸你应该都能很容易地徒手剪好。

第4步 重复这个过程，一直到你已经剪好了所有的3个饮料罐。把它们分开堆放。

第5步 下一步，拿起每一个锥形片将拐角剪圆。徒手操作它，你不需要让每个拐角都一样。将边角剪成圆弧形有两方面原因，一方面为了艺术美感，另一方面为了佩戴时更安全，因为原来的尖形拐角边缘太锋利。

6

第6步 拿出一个锥形片和圆嘴钳来，小心仔细地用圆嘴钳夹住锥形片较宽的一边并且轻轻地卷边。

7

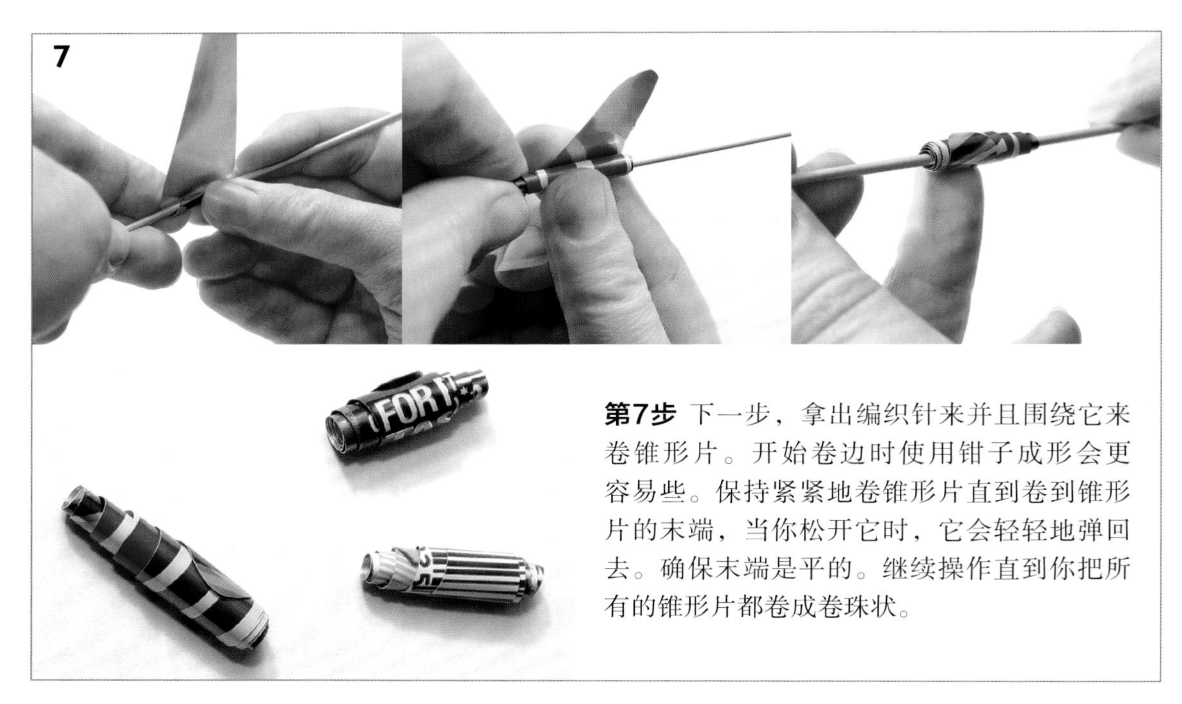

第7步 下一步，拿出编织针来并且围绕它来卷锥形片。开始卷边时使用钳子成形会更容易些。保持紧紧地卷锥形片直到卷到锥形片的末端，当你松开它时，它会轻轻地弹回去。确保末端是平的。继续操作直到你把所有的锥形片都卷成卷珠状。

8

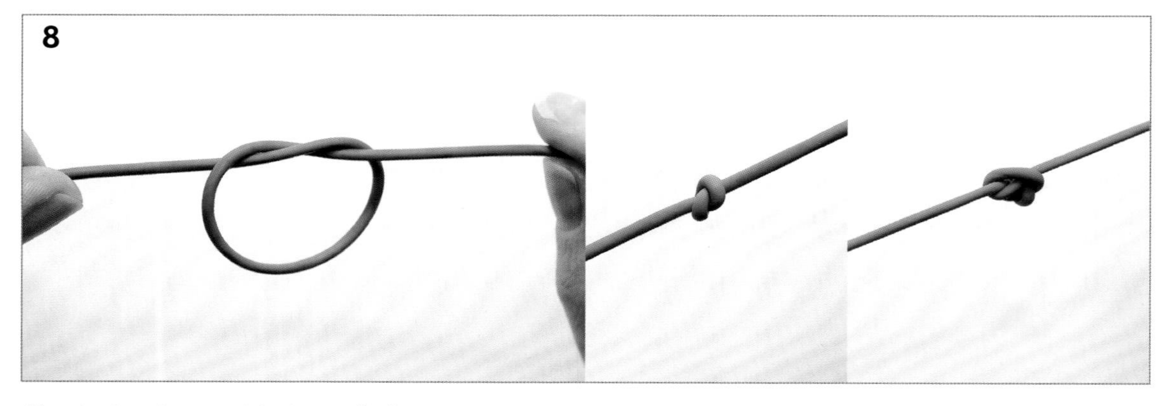

第8步 拿一根230厘米（90.5英寸）长的乳胶弹性鱼线，并且在中间打一个结，然后在同一位置系第二个结。

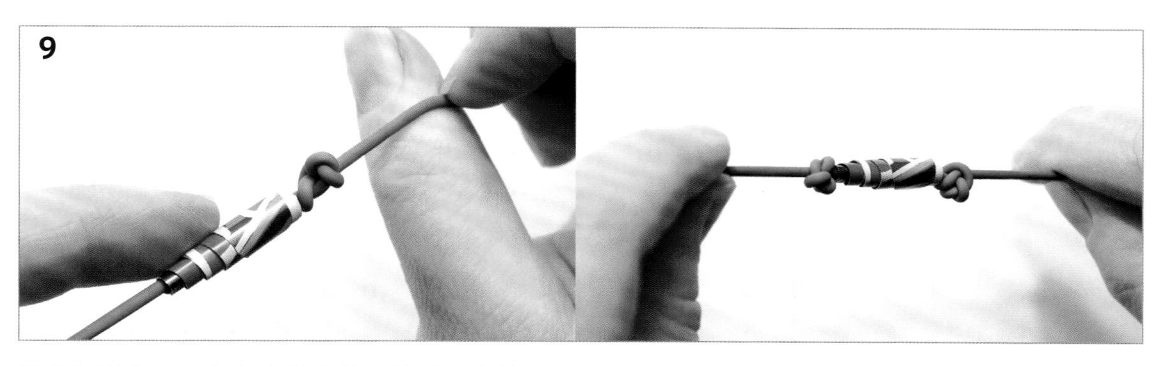

第9步 滑串上一个卷珠并在另一端系两个结。

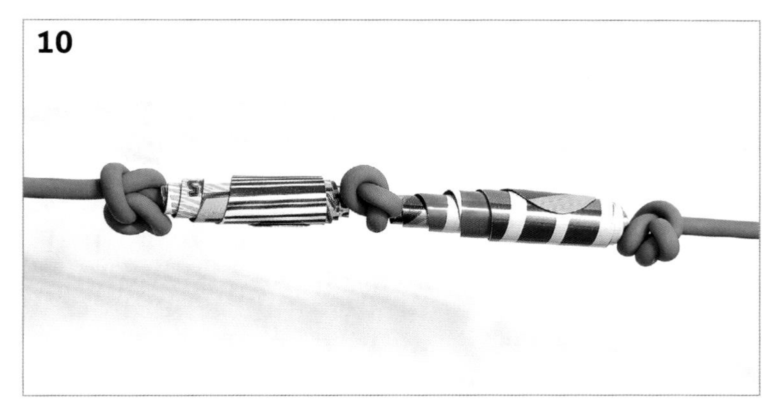

第10步 继续增加卷珠并且在每一边都打好结直到你用完了所有的卷珠。

健康与安全

剪切饮料罐时要小心，因为边缘很锋利，处理剪切处时也要小心。

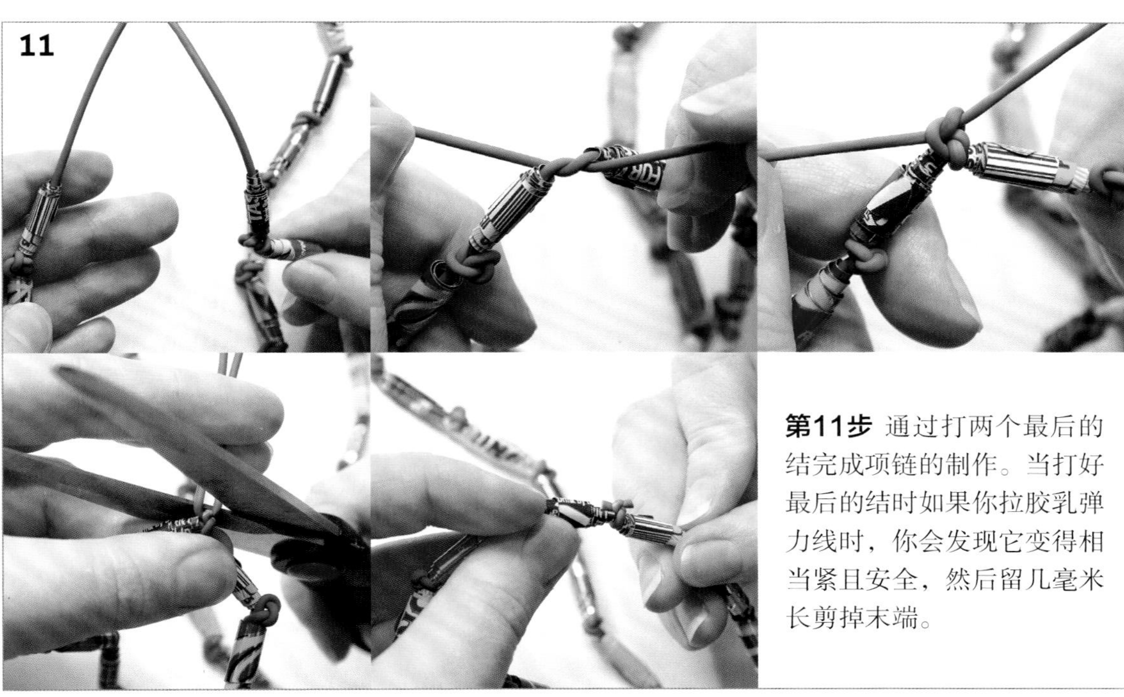

第11步 通过打两个最后的结完成项链的制作。当打好最后的结时如果你拉胶乳弹力线时，你会发现它变得相当紧且安全，然后留几毫米长剪掉末端。

艺术画廊
(The gallery)

<table>
<tr><td rowspan="3">1</td><td>2</td><td>5</td><td rowspan="2">7</td></tr>
<tr><td>3</td><td rowspan="2">6</td></tr>
<tr><td>4</td><td>8</td></tr>
</table>

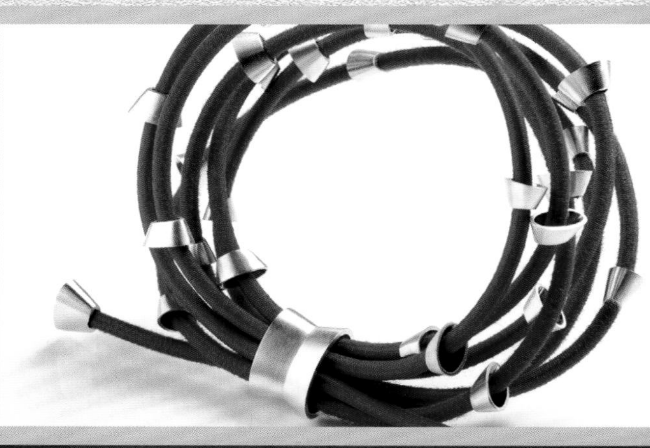

1 **第二帝国——胸饰，**Ute Eitzenhöfer，塑料，牙签，珍珠，银，各种尺寸，荷兰，作品由Marzee艺廊提供
2 **银和弹性松紧带手镯，**Gilly Langton，银，弹性松紧带，10厘米×10厘米×2厘米，2006，英国，在苏格兰生活和工作
3 **布龙齐诺——珍珠项饰，**Carla Nuis，银，9K金，棉绳，2007，荷兰，作品由Marzee艺廊提供
4 **旅游戒指，**Amandine Meunier，铝，绳，28厘米×22厘米×2.5厘米，荷兰，作品由Marzee艺廊提供
5 **笑容符号——胸饰，**Alexander Blank，钢，喷漆，7.7厘米×7.7厘米×2.5厘米，2007，德国
6 **珠宝商的Dozen:Andy Warhol——胸饰，**Ingrid Psuty，925标准银，博物馆纽扣，镍，11厘米×7厘米×3厘米，2003，美国
7 **悲痛危难，**Robin Kranitzky和Kim Overstreet，黄铜，丙烯酸塑料，铜，醋酸纤维，纸，铅箔，昆虫的一部分，装饰用锡废料，轻木，明信片碎片，金属宾果游戏板，一个古董罐子牙签的金属广口瓶盖，金属盒，甲虫的腿，酒瓶上的铅箔，羽毛，8.9厘米×8.9厘米×1.9厘米，2005，美国
8 **花园胸饰，**Marcia Macdonald，雕刻木，925标准银，回收锡盒，8厘米×10厘米×13厘米，2005，美国

9. 蜡烛戒指 Candle ring

制作等级

中级/高级

你需要哪些

材料

- 1支黄色的蜡烛托
- 直径为3毫米（0.1英寸）的银管，长15毫米（0.6英寸）
- 7厘米（2.8英寸）长的2毫米（0.08英寸）直径的圆银丝（这可能会根据戒指尺寸来变得更短或更长）
- 1根有趣的毛线
- 18毫米×2毫米（0.7英寸×0.08英寸）的堇青石珠子（根据你的设计来确定数量）
- 棉线（穿珠子用）
- 6毫米（0.2英寸）的蓝宝石（与蜡烛托匹配，所以尺寸不同）

工具与对象

- 基础焊接设备
- 酸洗液
- 环氧树脂胶
- 2毫米（0.08英寸）的钩针
- 珠针
- 戒指芯棒
- 半圆钳
- 针锉
- 砂块
- 缝纫针

本章节使用一个塑料蜡烛托和一个你希望放在烛托上的蓝宝石，为朋友的生日做一个理想的礼物。

多样化

你可能想要添加多个蜡烛托或者放一些其他的东西在宝石的位置上。

第1步 拿一根圆银丝并且用你的火炬加热给银丝退火直到其变成粉红色，然后在水里淬火。

第2步 围绕一根戒指棒成形圆银丝。它应该足够软，可以用手操作，如果太硬了就用半圆钳成形。确保圆银丝的两端能平平地连在一起。如果两个末端不够理想，可以用一根针锉锉磨调整，或者用半圆锉成形，圆银丝还在戒指棒上时用锤子整形。

第3步 在酸液中清洗成型后的戒指圈。

小窍门

用一个浅色塑料蜡烛托与银和纺织品作对比。你还可以用银或金铸造一个蜡烛托来调整设计。

第4步 焊接连接处并再次用酸液清洗。

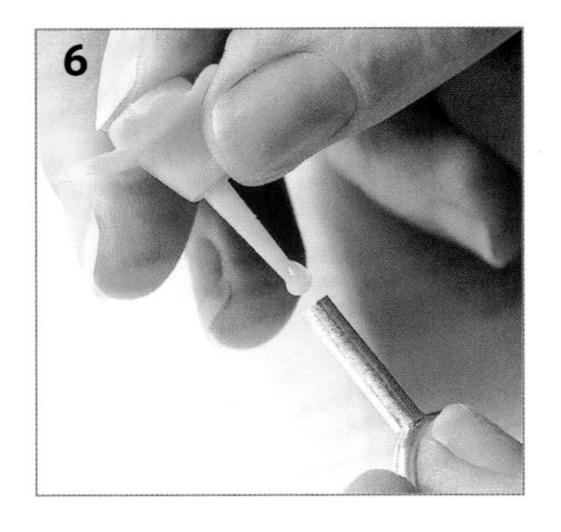

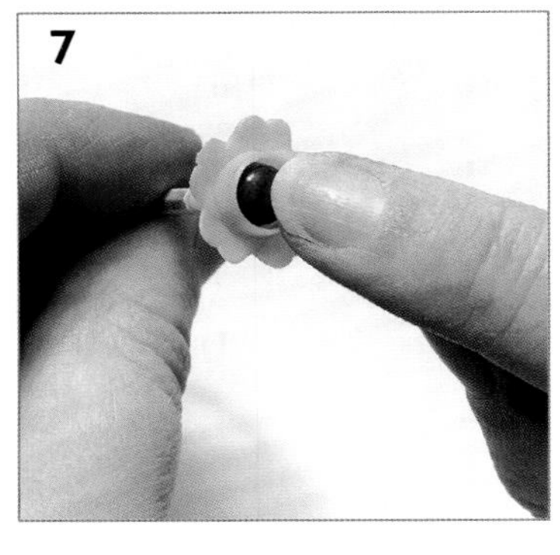

第5步 焊接金属管到戒指圈上。用反向钳夹持定位金属管和戒指圈，让管在正中心远离戒指圈的第一个焊点，避免重复加热。再次用酸液清洗，然后用一把针锉锉磨掉多余的焊料或不完美的地方。用砂块清理干净直到外观平滑。你会发现金属管并没有放平在戒圈上，这是为了给你将要增加到戒指上的线留补偿空间。

第6步 用环氧树脂胶将蜡烛托涂抹上胶水，插入金属管中并将其放在一边。

第7步 继续用胶将蓝宝石粘在蜡烛托上。

健康与安全

记住遵守首饰基础工艺章节中的焊接和酸洗的建议。

第8步 用有趣的线在靠近蜡烛托的底部缠绕，一直绕到金属管的位置。然后留下足够的线绳后剪断，以便你能用一根缝纫针把它缝在位置上。尽你所能缝得干净整洁一些，以便它不会干扰延伸的绑线。

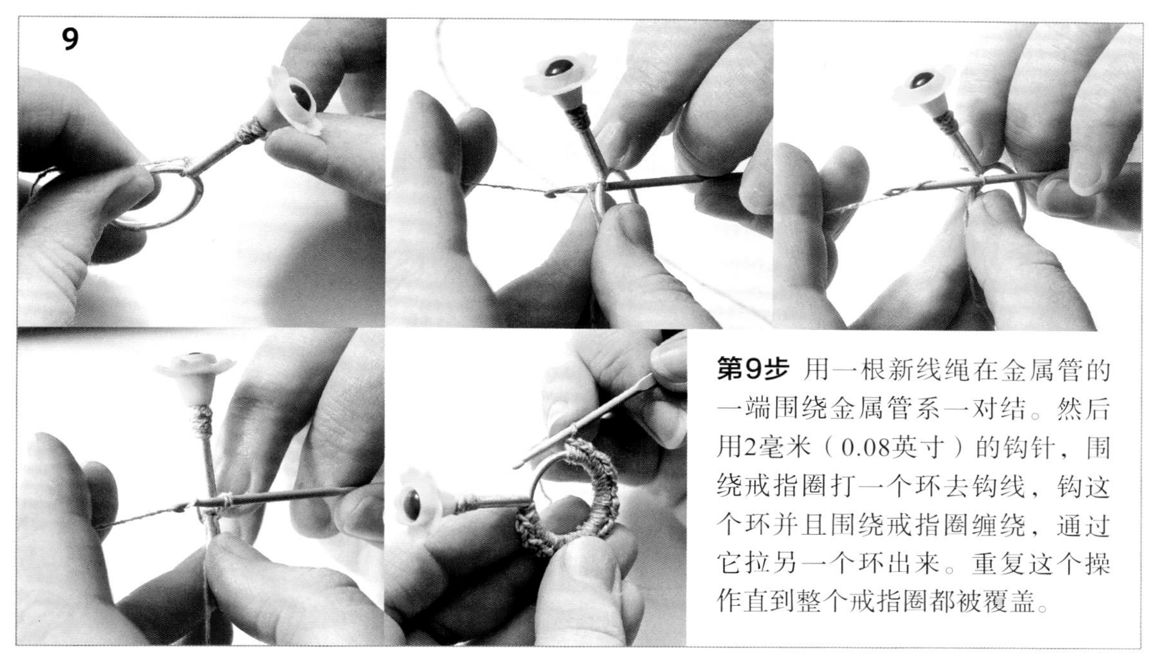

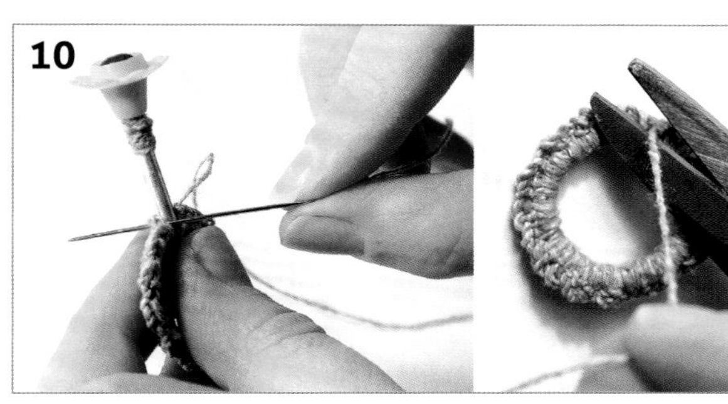

第9步 用一根新线绳在金属管的一端围绕金属管系一对结。然后用2毫米（0.08英寸）的钩针，围绕戒指圈打一个环去钩线，钩这个环并且围绕戒指圈缠绕，通过它拉另一个环出来。重复这个操作直到整个戒指圈都被覆盖。

第10步 剪断线绳但是留下足够的长度以便能够把末端缝回钩织物中，固定好。

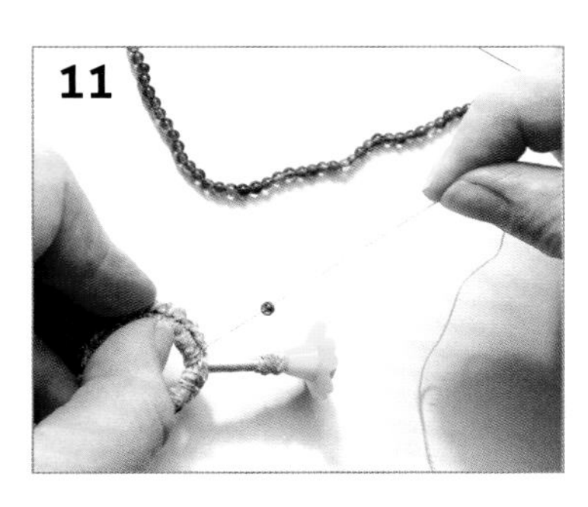

第11步 拿起棉线和珠针。用棉线在钩织品上缝上其中一个堇青石珠子并固定好。

第12步 钉上其余的17粒或你认为合适数量的珠子，可以通过缝回它们来调整珠子的位置。

第13步 当你满意于珠子的位置时，多加几针确保不会松开。

艺术画廊
(The gallery)

1	3	6	8
	4		
2	5	7	

1 **珠形戒指**，Ai Morita，银，合成树脂，丙烯酸塑料，2.7厘米×5厘米，2006，日本，在英国生活与工作
2 **三个蛋糕戒指**，Suzanne Smith，氧化了的白色金属，手工毛毡，复古色花边，皮革，紫晶，虎睛石，砂金石，5厘米×2厘米×2厘米，5.5厘米×2.5厘米×3厘米，5厘米×2厘米×2厘米，2007，苏格兰
3 **春天的绿花盆戒指**，Suzanne Potter，葡萄绿，南极白可丽耐和白色贵金属，3.8厘米×2.2厘米×1.3厘米，2007，英国
4 **被包裹的戒指系列**，Kirsten Bak，木头，塑料，大约2厘米×3厘米×3厘米，2006，丹麦
5 **音乐盒戒指**，Anastasia Young，18K金，乌木，红宝石，蓝宝石，3.5厘米×3厘米×1.5厘米，2006/7，苏格兰，在英国工作
6 **戒指**，Kathleen Taplick和Peter Krause，聚酯，银，金，4.5厘米×3.5厘米×5厘米，2007，德国
7 **平衡——戒指**，Heeseung Koh，标准925银，珍珠，珊瑚，玻璃珠，2.5厘米×3厘米×1.5厘米，2007，韩国
8 **暗蓝色毛毡球戒指**，Shana Astrachan，标准925银，马海毛，丝线，5厘米×2.5厘米，2005，美国

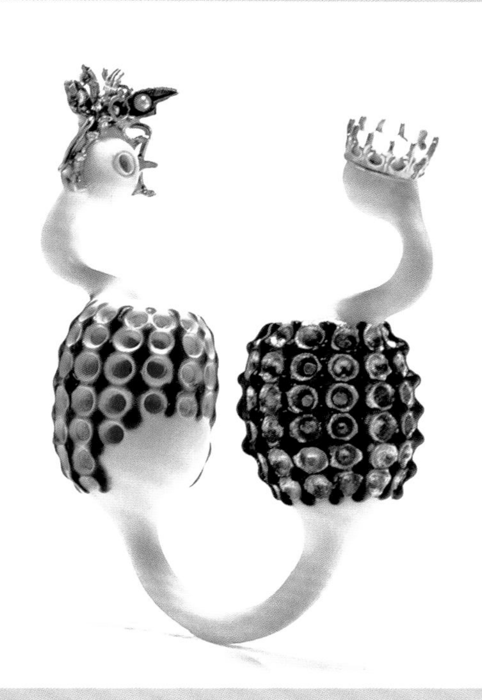

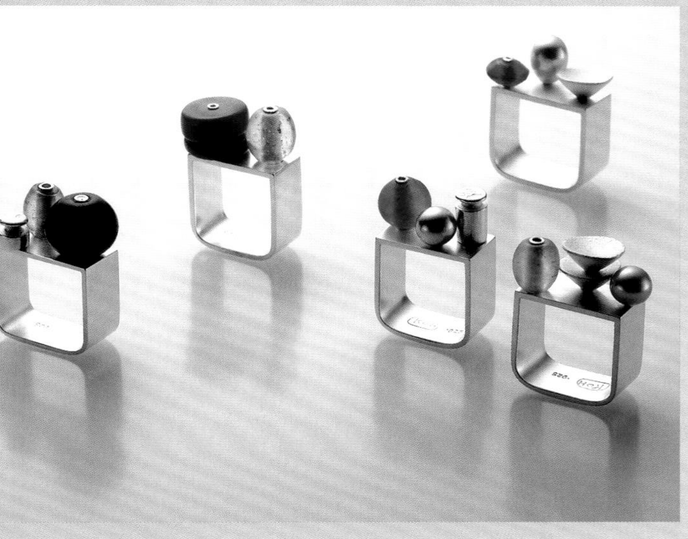

10. 泥雕垂饰 Mudlarking pendant

制作等级
中级/高级

你需要哪些
材料
- 1块现有的陶瓷碎片
- 1段陶管
- 大约与你的陶瓷碎片同样尺寸的1毫米厚的银片
- 棉线
- 圆头缝纫针
- 黄色或其他色彩的乳化漆
- 1张A4弹药纸
- 石榴石（随意选择的）

工具与对象
- 首饰锯弓和锯条
- 针锉
- 锉磨块和砂纸
- 环氧树脂胶
- 取食签
- 标记笔
- 纸巾
- 砂块（粗糙）

这款垂饰是由现有物体组合成的单独完整的创作作品。一件用现有的材料制成的首饰是独一无二的，并且这种首饰设计方法总是充满乐趣。

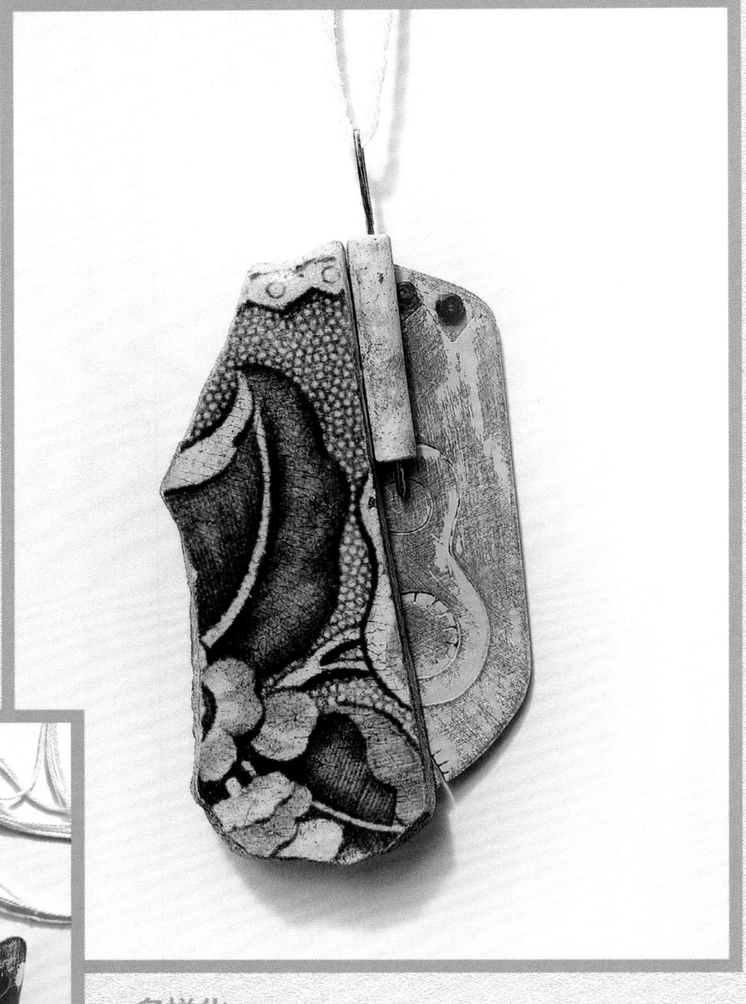

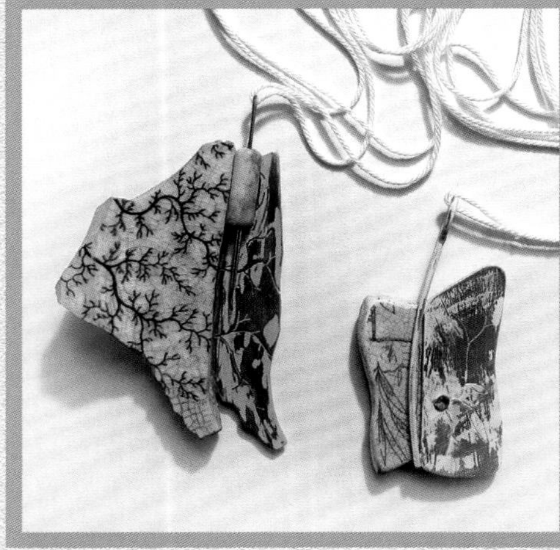

多样化

你可以用银链条或带状物来替代线绳。作为一款胸针，各种布局都能同样操作好。

第1步 拿出你的陶瓷碎片来，花一些时间思考。注意色彩，曲线和直边，图案和棱角。

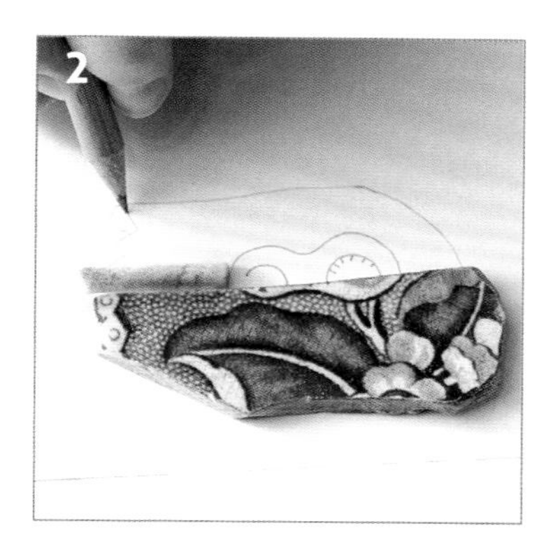

第2步 把它放在一张弹药纸上，并且通过绘画延伸设计到纸上创作出一个完整的形状。在它的背面可以贴上多一点的银。把黏土管拿出来，并且将其添加到你的设计中。确保你满意于这个构图创作。

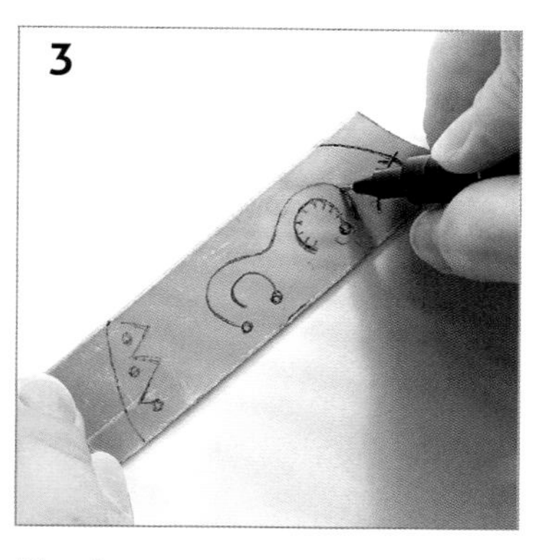

第3步 在银片表面画出延伸的形状，要么用你的绘画作为一个模板，要么直接从陶瓷片上再次操作。

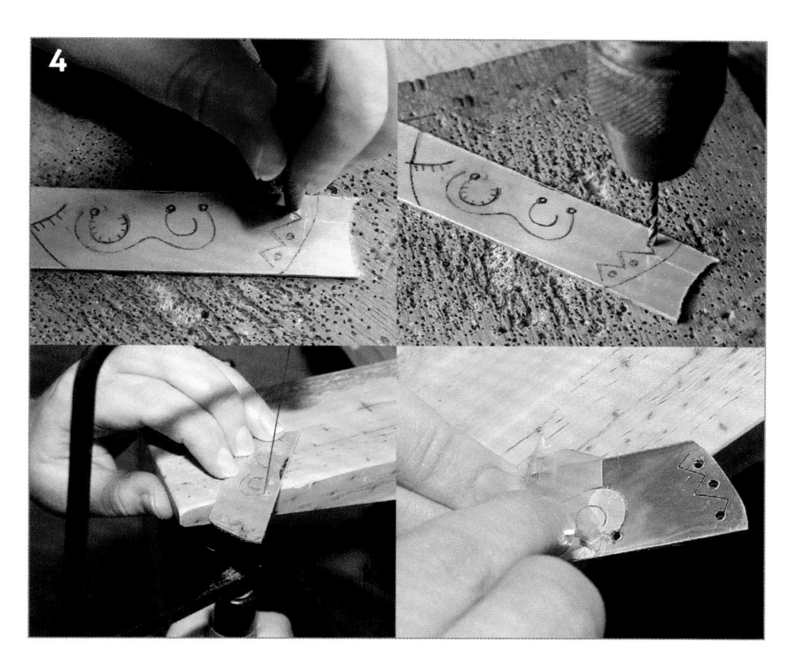

第4步 切割出这个形状，在增加的图案上钻眼或者在一些线细节上钻眼，你可以为细节钻眼，为银中间的要去掉的区域钻一个开始点。去掉银上面绿色的塑料保护纸。参考基础首饰技术章节中的线锯和钻眼的使用说明。

第5步 用一把针锉锉磨银的边缘，并用一块粗糙的砂块制造一种磨砂的外观，这也将帮助你去完成这个边缘。

第6步 检查银边缘是否适合陶瓷片的形状，必要的话，用圆嘴钳和一把锤子成形。如果很难操作的话就给银退火。

小窍门

当需要时不要害怕在你的作品中用胶。学习传统技术和技艺对那些想要成为首饰设计师的人来说是至关重要的，但是如果能操作得好并且有你需要的长期的效果的话，不要排斥使用较少的传统材料的技术。

第7步 涂一层黄色乳胶漆在银表面并待其干燥。擦出一些表面，显示出下面的银。如果你有任何钻眼的线的话，线表面的漆应该保留。你可以随意或者按照计划擦掉乳胶漆。如果你第一次擦掉的漆太多了，你可以再涂几层。

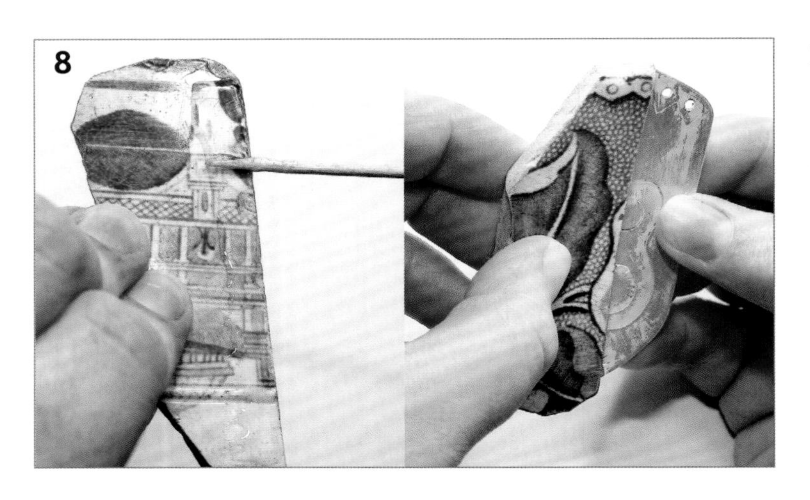

第8步 用环氧树脂胶将银和陶瓷片胶粘在一起。这是将材料固定在一起最为干净且坚牢的方法。用一根取食签混合使用环氧树脂胶。在胶变硬之前，用一张纸巾清理多余的胶。

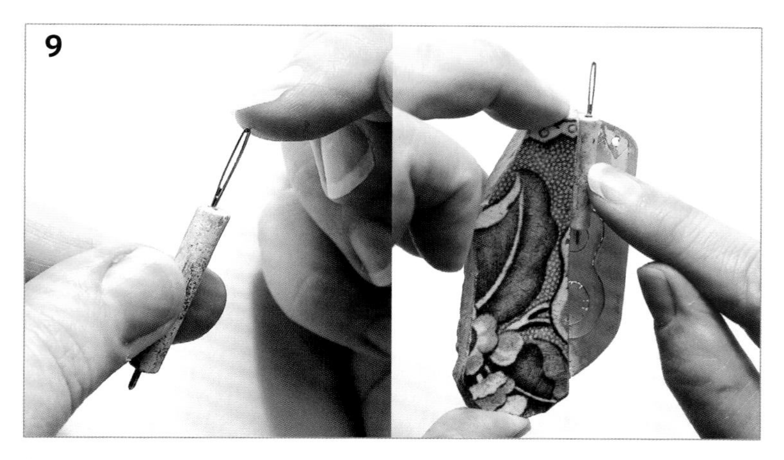

第9步 将缝纫针胶连进黏土管中并待其干燥。然后小心地用胶将它粘到银表面。

第10步 将一根80厘米（31英寸）长的棉线穿过缝纫针眼，将棉线末端打结。

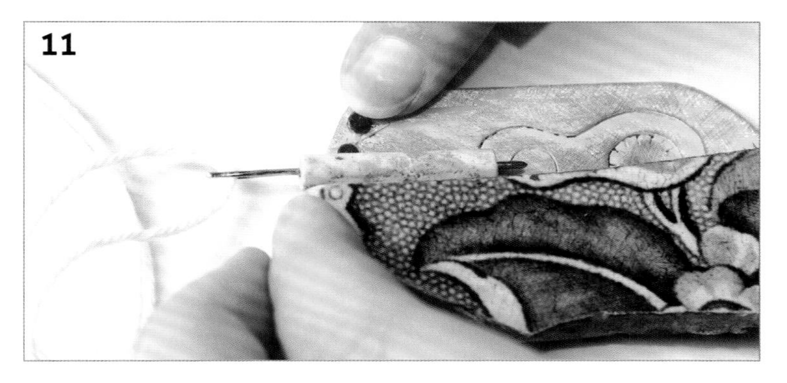

第11步 你会注意到我随意地增加了一些石榴石到钻眼的表面，因为我发现我的构图设计需要它们，但是你的设计可能不同，我用环氧树脂胶将石榴石固定在位置上。

健康与安全

你可能需要获得许可才能去海滩寻找现有的物体，如果有问题的话，你可以与地方政府联系或者在一次有组织的旅游中寻找现有的物体。

确保在你发现的现有物体中没有任何尖锐的边缘，记得这些物体是要佩戴的，所以需要注意安全佩戴。当你使用胶时，要总是阅读健康与安全使用说明，它们有不同的干燥时间并且有一些危险的地方要考虑进来。

小窍门

你没有必要一定用特定的列表中的物体，可以尝试用一些你周围环境中的物体，比如老钥匙、贝壳、化石、卵石、塑料容器、老自行车轮胎和不要的计算机配件。尝试一下只用现有的物体包括你的扣子做一件首饰。

艺术画廊
(The gallery)

1	2	5	8
	3	6	
	4	7	

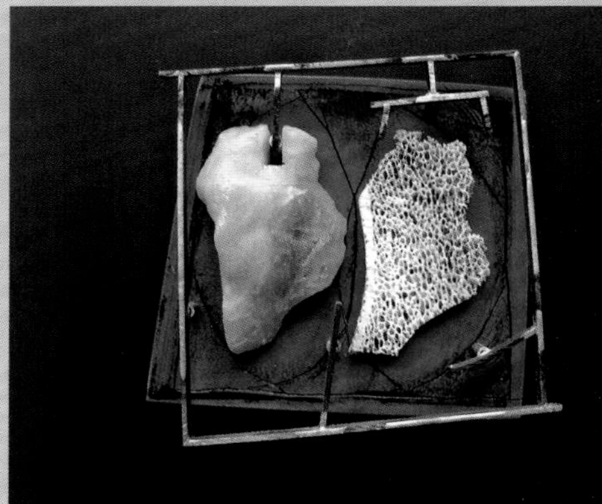

1 **大陶瓷吊饰，**Rosie Bill，陶瓷，银，4.5厘米×3.5厘米×5厘米，2006，英国
2 **玉制的城市——胸饰，**Andrea Wagner，海泡石，玉，珍珠和银，各种各样的尺寸，2006，德国，在荷兰生活与工作
3 **成对的脑岛（大脑岛叶区）——胸饰，**Ramon Puig Cuyàs，银，镍银，塑料，琥珀，骨头，彩色丙烯酸塑料，5.5厘米×5.5厘米×1厘米，2006，西班牙
4 **森林——树脂，**Ornella Iannuzziln，银，苔藓和树皮，木变石，蘑菇状物，4厘米×2.3厘米×4.5厘米，2007，法国，在英国工作与生活
5 **粉饰灰泥——项饰，**Evert Nijland, Mahogany，银，瓷，长70厘米，2006，荷兰
6 **木偶的头——戒指，**Steffi kalina，古代木偶的头（瓷），软陶，银，大约4厘米×3厘米×4厘米，2006，维也纳
7 **听诊器，**Ami Avellán，现有的瓷，电子绝缘零件，999银，玛瑙，塑料，被复线，5.5厘米×90厘米，2006，芬兰
8 **管花项饰，**Joanne Haywood，黏土管，纺织品，4厘米×3厘米×70厘米，2008，英国

11. 软陶和纽扣项饰
Polymer clay & button neckpiece

制作等级
初学者

你需要哪些
材料
- 3块红色软陶（56克/1.9盎司）
- 25粒黑色的塑料纽扣
- 1个黑色羊毛线球（2股）

工具与对象
- 2毫米的编织针
- 家用烤箱
- 烤箱托盘
- 防油纸
- 缝纫针
- 尼龙筛

本章节以研究对比表面的效果和肌理为中心，你将学会去做一条长长的项饰。本章节的学习可以尽情发挥你自己的色彩感觉并且适合各种能力水平的制作者。

多样化

你可能想去改变软陶或纽扣的颜色，你可以用有图案的纽扣或者各种颜色的纽扣。

第1步 确保你的手是干净的，拿3份56克/1.9盎司的红色软陶块，把它们分成25份，放在像纸一样干净的表面上，这些小份不需要统一尺寸，事实上有不同的尺寸更好。

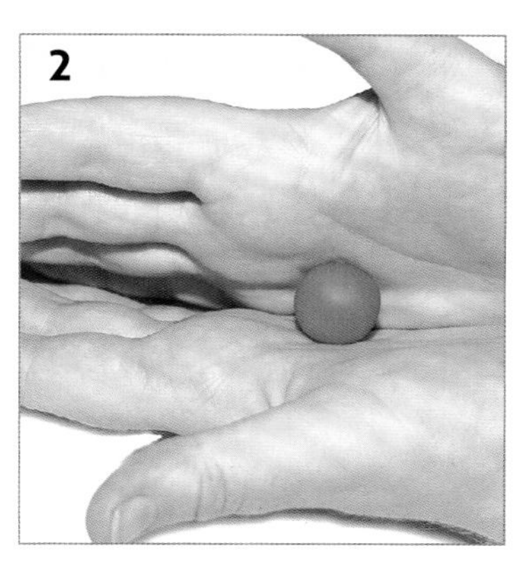

第2步 用手将每份软陶块揉成没有任何皱褶的光滑的球，再放回干净的表面上。

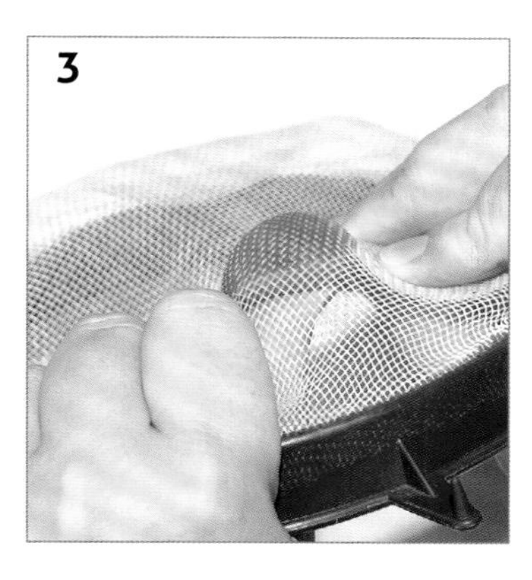

第3步 把每一个球都放进尼龙筛内压按。用你的拇指向上推直到网纹图案出现在上面。当心不要压得太过了，否则它会粘在筛子上，很难保留完整的图案。你可能要多试几次以达到令你满意的效果。如果你不喜欢一种特定的图案形式，你可以把它滚成小球并重新开始。

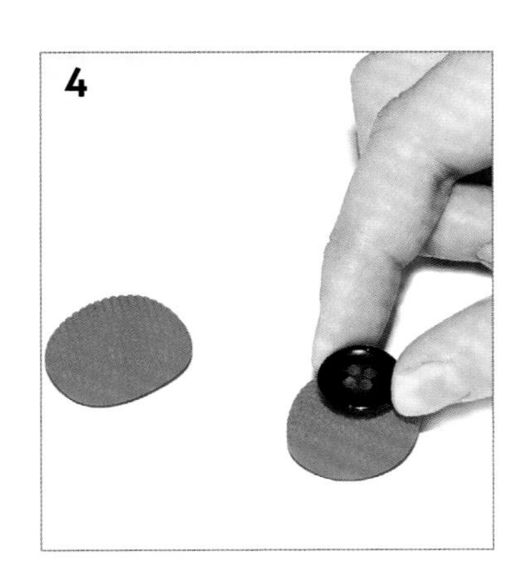

第4步 25份软陶块都压好图案后，拿出一粒纽扣，把它压在做好肌理的软陶表面的中间直到感觉它牢固了。纽扣的边缘被软陶包住是安全牢固的。

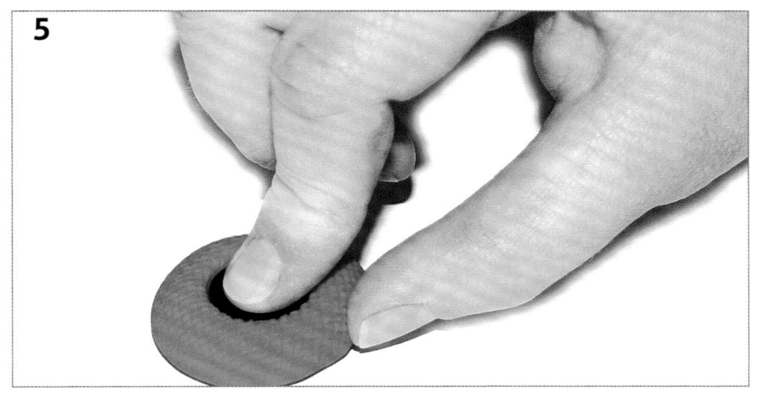

第5步 重复第4步直到25粒纽扣都在软陶块上固定好。看看它们作为一组物体放在一起效果如何，是否需要进一步压按纽扣或者重复压按调整。

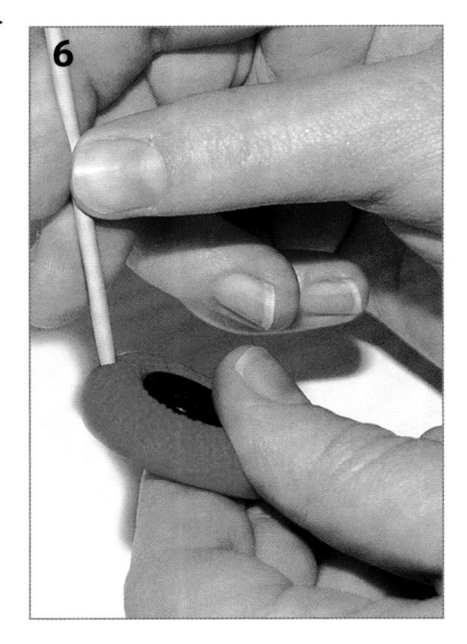

第6步 用2毫米（0.08英寸）的编织针在每一个软陶的对面两边钻两个眼。你应该钻透前面被压的表面。钻眼时小心地用手指压后面以防弄碎表面。

第7步 在烤箱托盘上铺上防油纸，将25份软陶放在托盘上，按照软陶包装纸上的指导去加热。

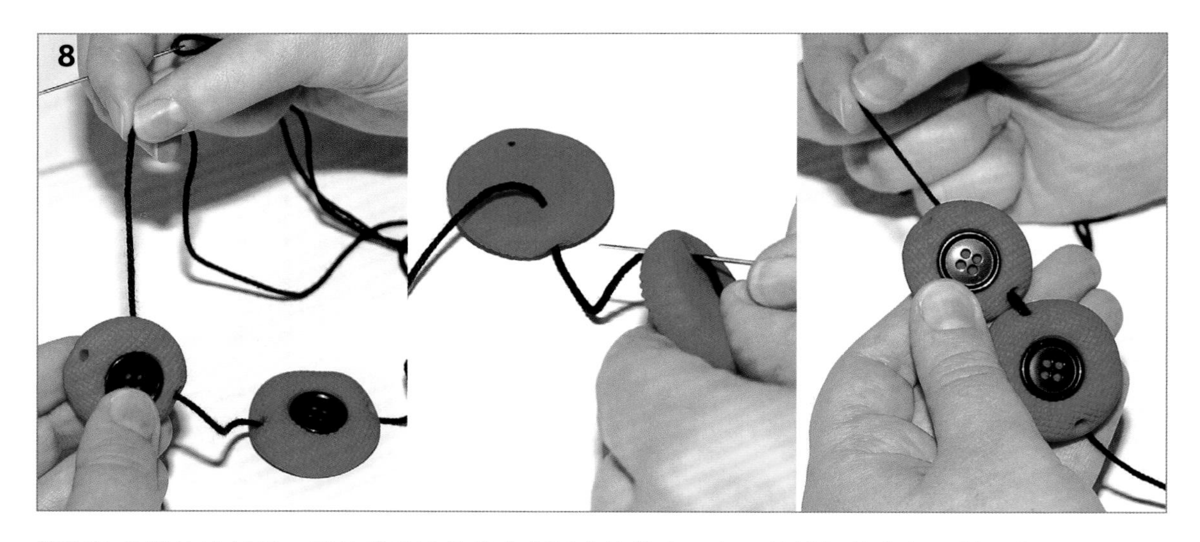

第8步 软陶块冷却后，开始着手准备将它们固定连接在一起，给缝纫针穿上一根一米长的黑羊毛线，针通过其中一个软陶的眼的背面，留下一段10厘米（3.9英寸）的黑羊毛线固定在末端。将黑羊毛线穿过第二粒软陶前面的眼，之后穿过第一粒的背面并且然后再回到第二粒的前面。

第9步 像前面那样，把第三粒穿到前两粒上，然后继续操作直到25粒软陶块都连接在一起。

多样性

可以用缎带代替羊毛线，你也可以把项链做得更短一些，或者设计成一款胸针。

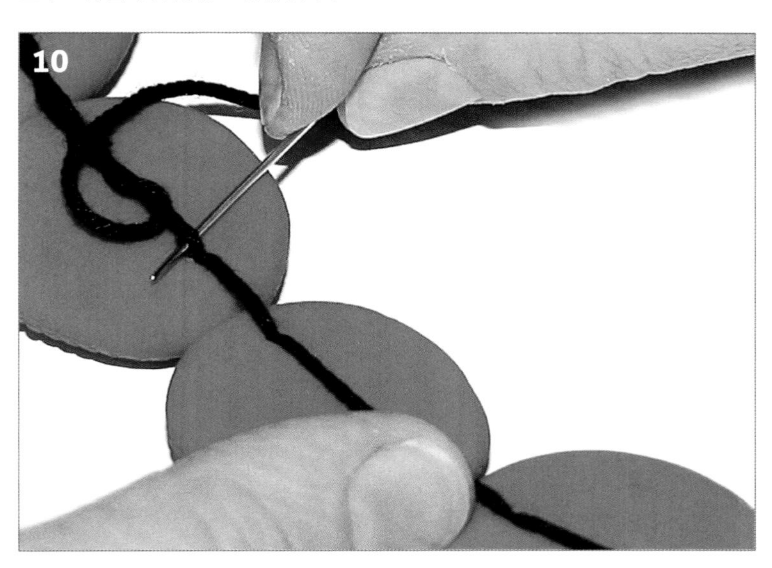

第10步 现在背面有一根连续不断的羊毛线通过。把最后一个软陶块像前面那样缝好完成项链，并把羊毛线穿过背面的线几次，也可以打个结，直到感觉牢固了。

健康与安全

确保这些纽扣是塑料的，不要用木头的和任何可燃材料的。软陶可以在低温下变硬，这意味着你可以放大量的材料包括大多数塑料纽扣在它上面加热。如果你不确定的话，那么在加热过程中检查一下。你也可以用一圆形物体比如木塞压到软陶上，加热后再用胶水粘在纽扣上面。

使用后用清洗液彻底地清洗筛子，你可以买一个备用筛并且为将来的设计计划保存好它。

艺术画廊
(The gallery)

1	3	5	7
2	4	6	8

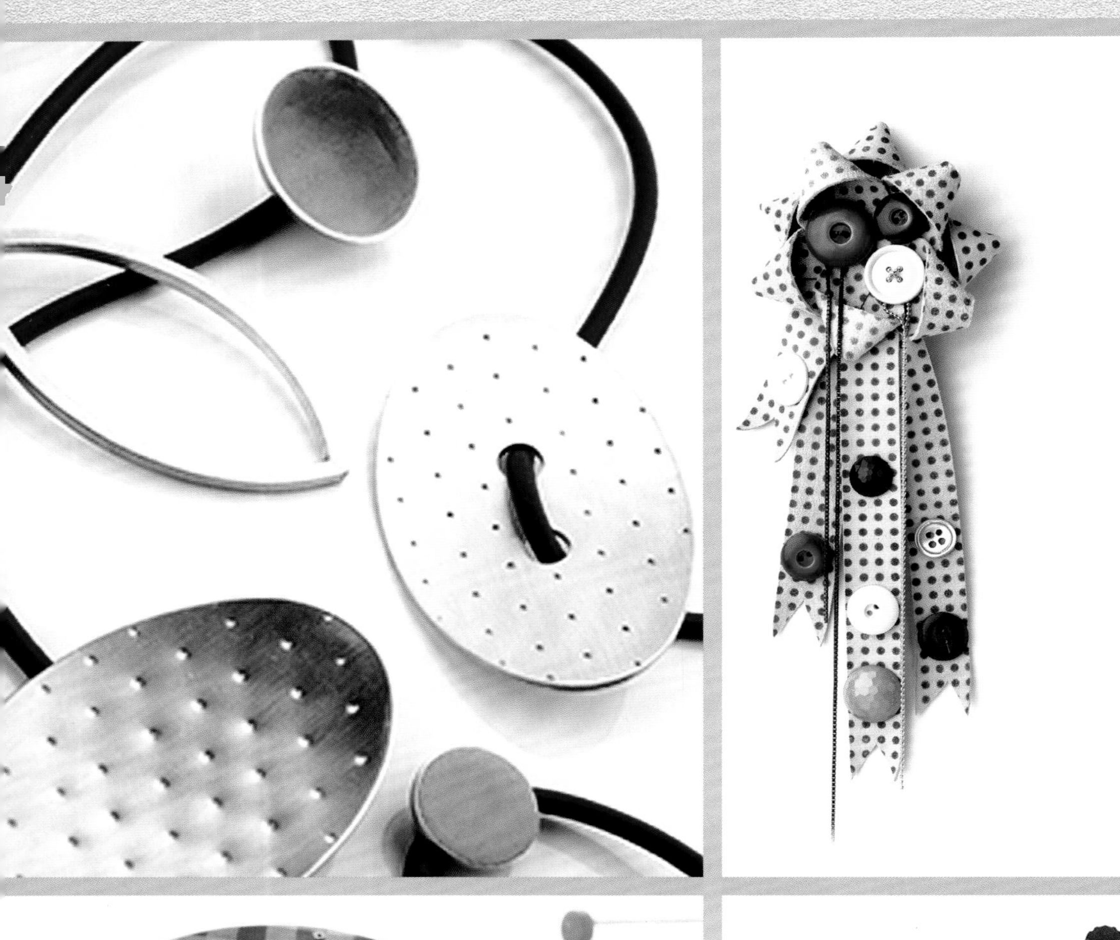

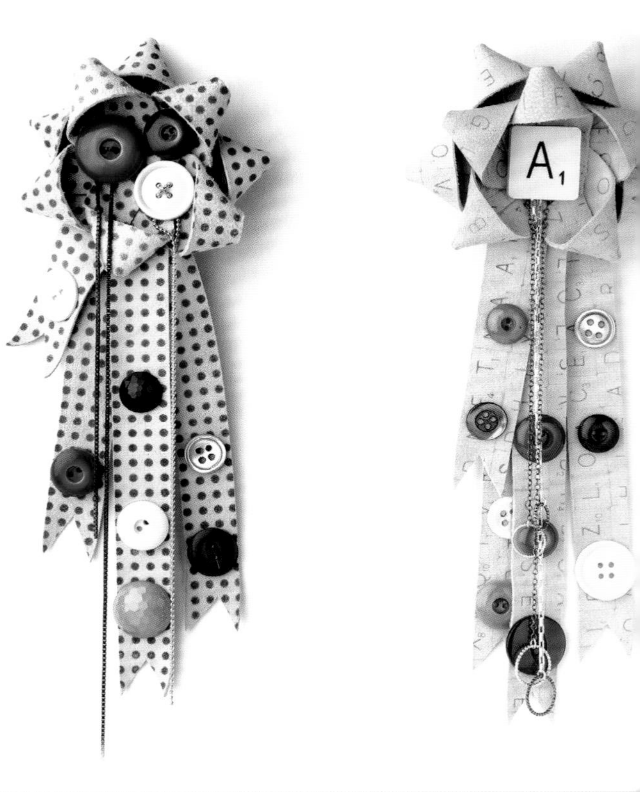

1 **项饰**，Gilly Langton，银，弹性松紧带，珐琅，60厘米×5厘米，2006，英国，在苏格兰生活与工作
2 **旋转的螺旋桨吊坠**，Lindsey Mann，印花的受过阳极处理的铝，白色贵金属，现有的塑料，6厘米×3厘米×5厘米，2004，英国
3 **印记——麂皮花**，Anna Lewis，麂皮，银，老式纽扣，拼字游戏片，20厘米，2005，威尔士
4 **连续统一体——胸饰**，Katja Prins，银，封蜡（火漆），8.5厘米×6.1厘米×3.1厘米，2007，荷兰，Rob Koudijs画廊的展品
5 **白茶手镯**，Glaire Lowe，树脂，茶叶，大约10厘米×2厘米×2厘米，2005，英国
6 **阿特洛波斯——胸饰**，Mark Rooker，925标准银，14K黄金，纽扣，丝线，黄铜，5厘米×5厘米×5厘米，2006，美国
7 **植物群——项饰**，Cynthia Toops和Daniel Adams，软陶（拓普思），玻璃（亚当斯），银（拓普思和亚当斯），51厘米长，每一个球珠直径大约3.2厘米，2007，美国
8 **垂直戒指球**，Marco Minelli，纽扣，综合材料，各种尺寸，2007，意大利

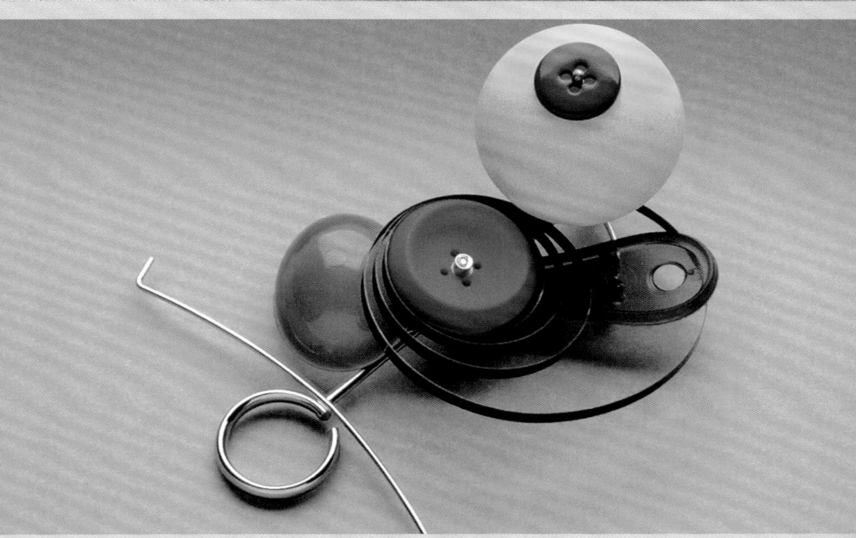

12. 聚丙烯和绣花纽扣手镯 Polypropylene & stitched button bangle

制作等级
中级/高级

你需要哪些
材料
- 2张A4的聚丙烯片（1张蓝色，1张绿色）
- 1把卷尺，两边带有厘米和英寸
- 10厘米×10厘米（3.9英寸×3.9英寸）的印花白棉布片
- 黑色刺绣丝线
- 3颗19毫米（0.7英寸）的包扣

工具与对象
- 牛皮纸胶
- 缝纫针
- 钢尺和手术刀
- 切割垫
- 毡尖笔
- HB铅笔
- 剪刀
- 废纸

多样化

对于里面的聚丙烯来说，你可以使用其他材料，或许你能尝试用一张从A到Z的地图册纸。

本章节探索研究材料的层次，并且用柔软的纺织品与塑料作对比。对这款手镯来说有许多设计的可能性，或许你自己会去做研究。

健康与安全

在一个通风好的地方使用牛皮纸胶，并且阅读使用说明。使用手术刀和钢尺时小心手指。可能要用一根缝纫针高精度地给聚丙烯钻眼，所以当心你的手指的位置。

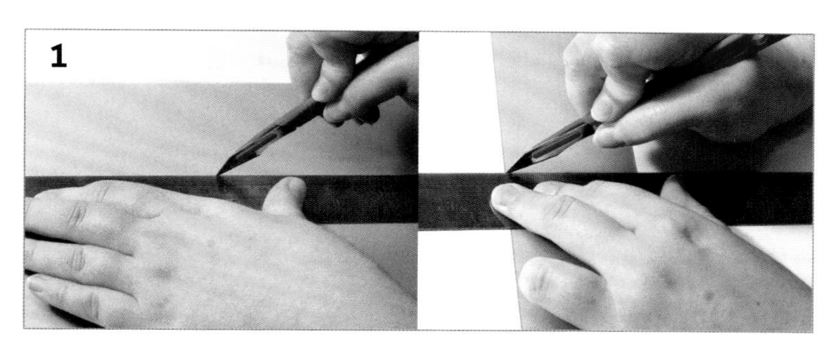

第1步 拿出一张蓝色的聚丙烯片，切割出一个尺寸为6厘米×25厘米（2英寸×10英寸）的长方形。用一支可溶于水的毡尖笔画出尺寸，之后再擦掉标记。用手术刀和钢尺裁切。

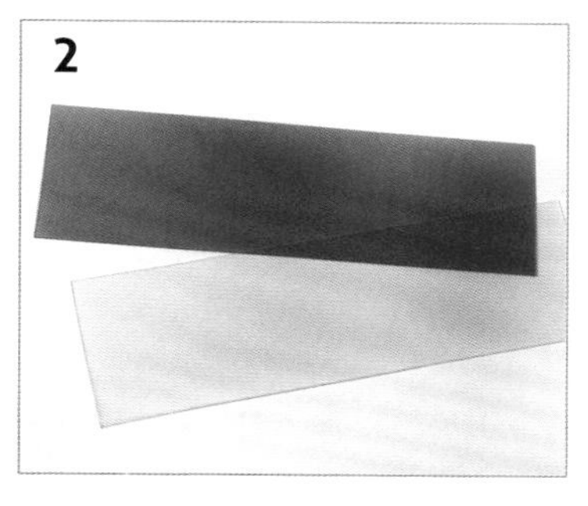

第2步 拿出绿色的聚丙烯片来重复上面的操作，两张聚丙烯片同样尺寸。

第3步 用剪刀按卷尺上的尺寸剪成1厘米（0.4英寸）的小片，把50厘米（19.6英寸）的卷尺都剪切出来。

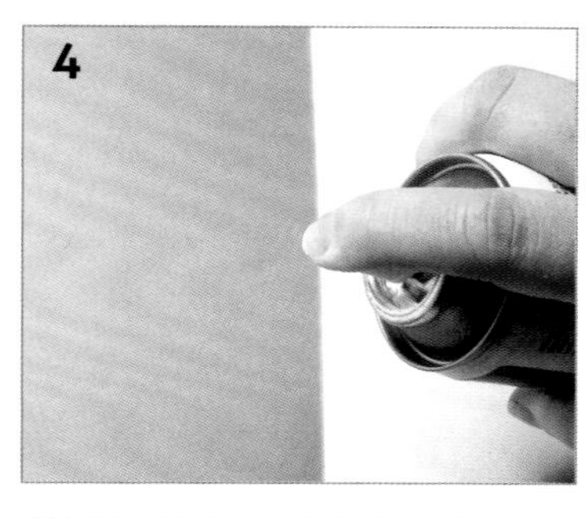

第4步 用牛皮纸胶在蓝色聚丙烯片的表面喷涂，注意用废纸保护好作品的表面。

第5步 将蓝色聚丙烯片转到一张干净的废纸上，并且把所有剪切好的卷尺片像马赛克一样混在一起，不用保持上面数字的顺序，把它们混合到一起且让一些朝向你，另一些随意，以便将厘米与英寸混合到一起，如果一片卷尺是黄色的一面而另一片是白色的一面，这样尤其好。

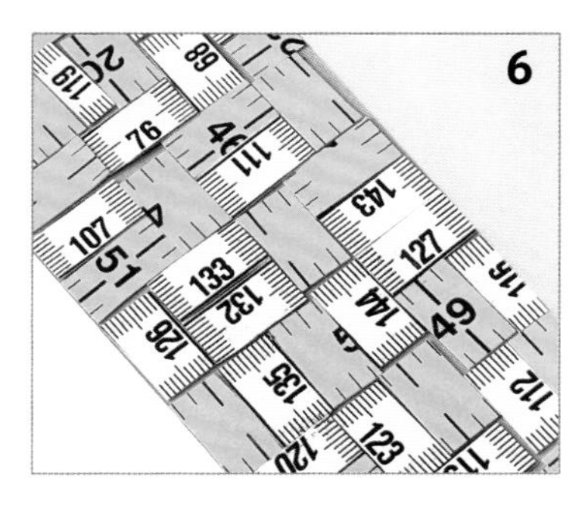

第6步 继续马赛克一样摆好所有的卷尺片，直到盖满表面，如果有缝的话你可以把卷尺片剪小一点。摆放卷尺片不需要太着急，牛皮纸胶需要一点时间才会干，如果牛皮纸胶干了可以再喷一点上去。

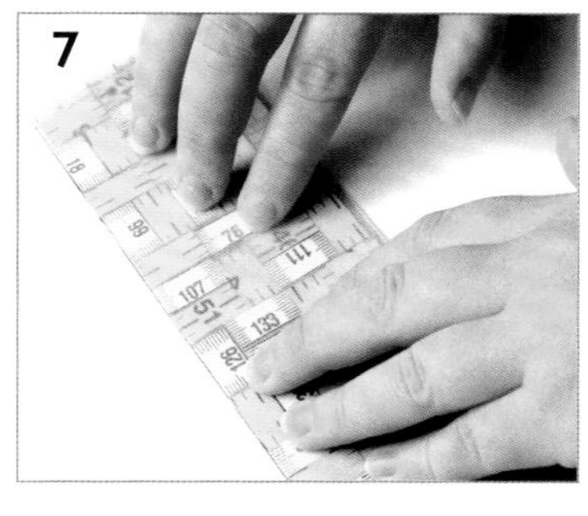

第7步 干燥表面然后用胶覆盖上绿色聚丙烯片，紧贴着另一面，将卷尺夹在里面，待其干燥。

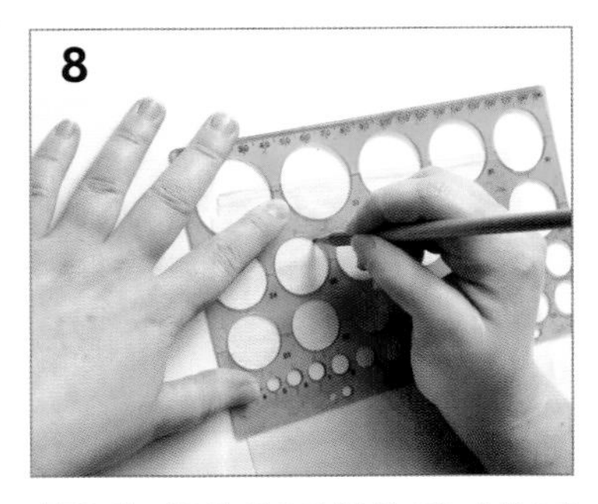

第8步 等待聚丙烯片干时你可以制作纽扣，在白棉布片上用圆规或模板画三个圆，用一根HB铅笔画，确保圆的直径大于25毫米（1英寸）。

第9步 现在看一看聚丙烯片下面的卷尺的尺寸图案，并且选择三个小细节装饰，把这三个细节装饰用铅笔画在圆圈内，确保画线延伸到圆弧外一点。

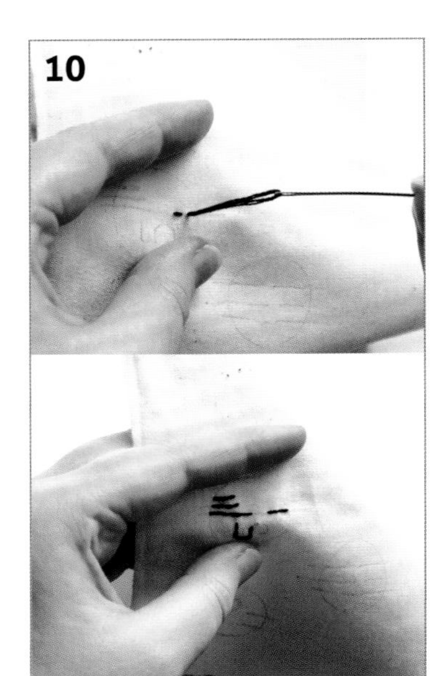

第10步 取三股黑色刺绣丝线，用来回针缝在铅笔画线上面，这种来回针开始插针的地方就是你的针最后回到的位置。这样可以制造一种连续不断的线条。

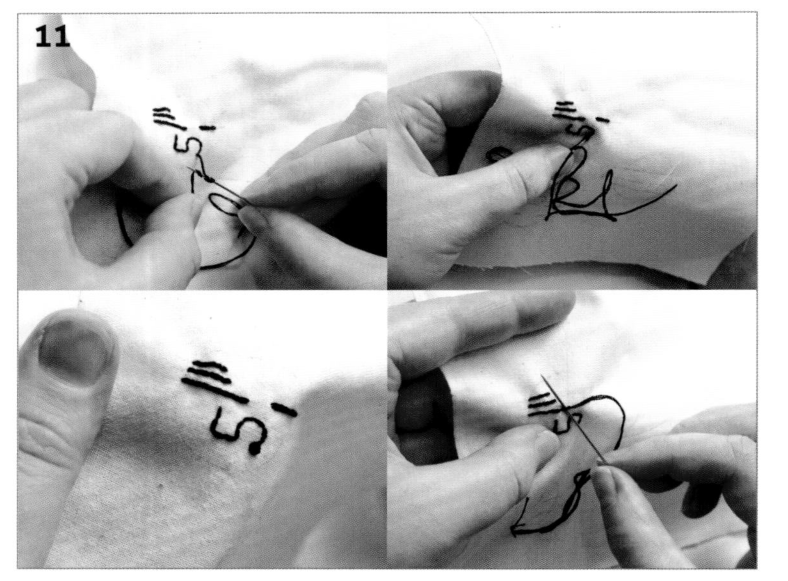

第11步 你也可以增加其他类型的针法。在数字“5”上我用了一个法国结。一个法国结是通过围绕针绕三圈且然后小心地缝回弧线中将线绷紧来实现。我也用了一针滑针，从后面的缝线中滑进滑出。细节装饰的数量和缝线的类型取决于你。你可以用古老的蕾丝或者老式的纤维，来代替你自己绣缝。

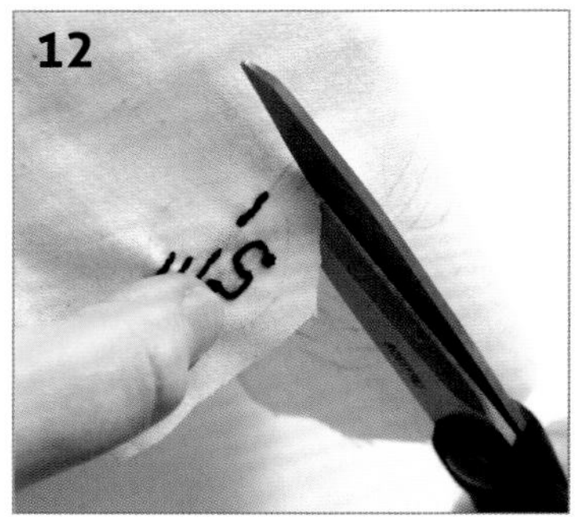

第12步 确保圆圈外线周围留下10毫米（0.4英寸）多的材料再剪切。

多样性

你可以买各种尺寸的包扣，可以用两个中等尺寸的包扣或者一个大包扣，你也可以尝试改变手镯的宽度。

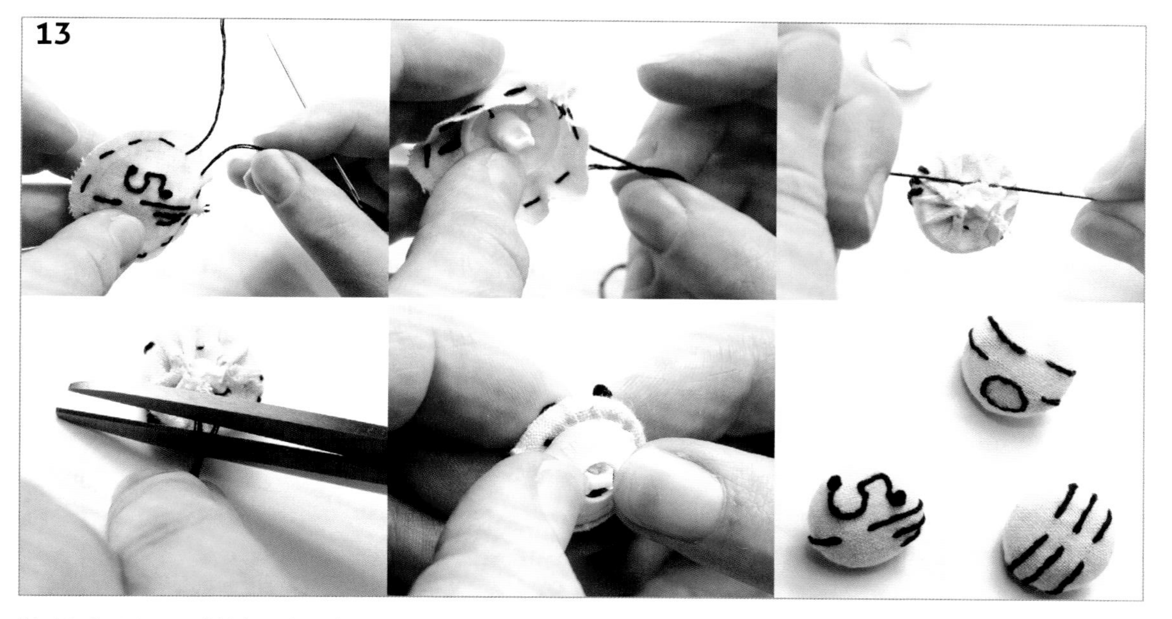

第13步 用三股刺绣丝线围绕圆圈的边缘缝。把包扣放入白棉布并且拉起刺绣丝线的末端，围绕纽扣成形。此外，当你买包扣时，会有表格形式的使用说明。

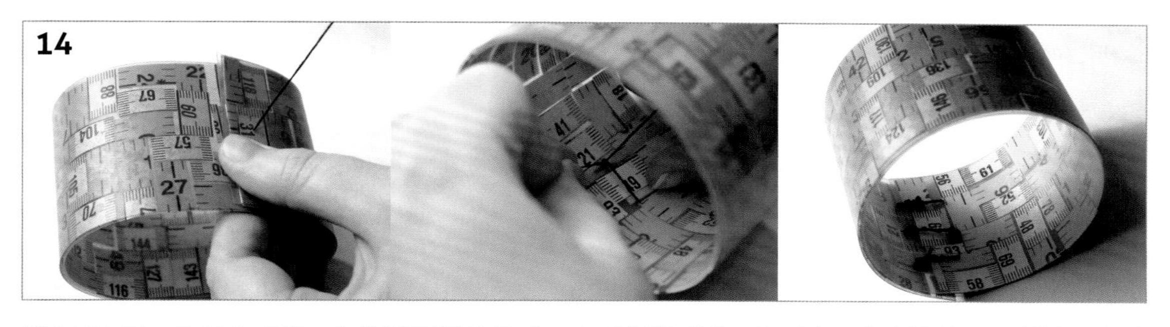

第14步 下一步组合手镯。先将聚丙烯片折成一个手镯的形状，接下来，拿出另外三股刺绣丝线并且用长1厘米（0.4英寸）的针距将手镯钉好。将背面与正面缝在一起并且在后面打个结。重复缝另外两条线以便有三条平整的缝线在位置上，三条缝线之间大约有15毫米（0.6英寸）的距离。

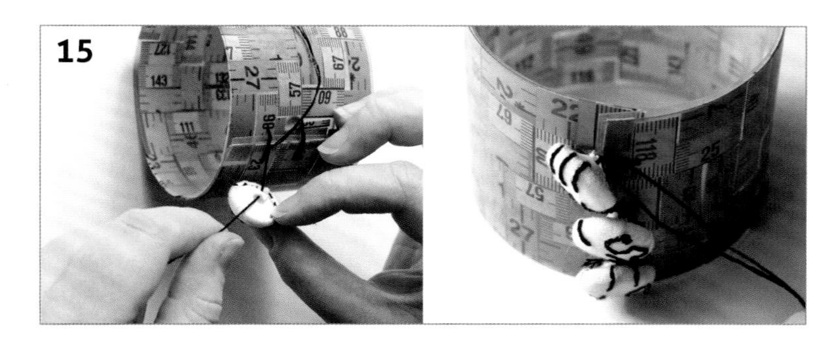

第15步 将三个纽扣缝在现有的缝线上，并且打两到三个结使其牢固地固定在位置上，然后剪掉多余的线。

艺术画廊
(The gallery)

1	3	5	7
2	4	6	8

1 **运动的戒指，**Shelby Fitzpatrick，银，18K金，聚丙烯，4厘米×4厘米×4厘米，2001，美国，在英国生活与工作

2 **戒指，**Ermelinda Magro，聚亚安酯，喷漆，丝线，树脂，银，3厘米×4厘米，2005，瑞士

3 **黑色和红色珊瑚项饰，**Sarah Keay，古老的珊瑚，珐琅丝，银单根长丝，珐琅，各种尺寸（细节），2006，苏格兰

4 **胸饰：334，**Fabrizio Tridenti，回收塑料，钢丝，电线，聚丙烯，12厘米×6厘米×1.5厘米，2007，意大利

5 **生长系列——胸饰，**Natalya Pinchuk，羊毛，铜，珐琅，塑料，蜡线，不锈钢，10厘米×6厘米×6厘米，2006，俄罗斯，在美国生活与工作

6 **手镯，**Gill Forsbrook，聚丙烯片，PVC片，银，大约13厘米×11厘米×10厘米，2005，英国

7 **聚丙烯手镯，**Rachel McKnight，聚丙烯，银，12厘米×12厘米×2厘米，2005，北爱尔兰

8 **石灰绿散射胸针，**Jo Pudelko，氧化银，丙烯酸塑料，玛瑙，6.5厘米×8厘米×1.5厘米，加拿大/英国，在苏格兰生活

13. 波普和线形耳饰
Popper & thread earrings

制作等级
初学者

你需要哪些
材料

- 12粒黑色的9毫米（0.35英寸）的制衣按扣
- 2条6厘米（2英寸）长的2毫米（0.08英寸）银贝尔彻链
- 蓝色刺绣丝线
- 2个银珠耳钉固定件和涡卷形堵头

工具与对象

- 缝纫针
- 平头钳
- 剪刀
- 氧化液
- 清洗液
- 水和冲洗液

多样化

你可以用制衣按扣尝试设计不同的物件，举例来说，一个延伸一定长度的手链或项链。

这些铰接式耳坠使用了按扣，这种按扣普遍用于制衣中。这种扣的功能被去掉不用了，并且在其多重功能中主要用其作为材料的元素。弯曲的氧化银丝与按扣一起去做成一种流动的流带式的首饰作品。

第1步 拿出银珠耳环固定件、涡卷形堵头和长长的银贝尔彻链。用安全酸清洗，遵循基础首饰制作章节中的指导说明。

第2步 按照基础首饰制作章节中的指导说明氧化上图中的小部件。

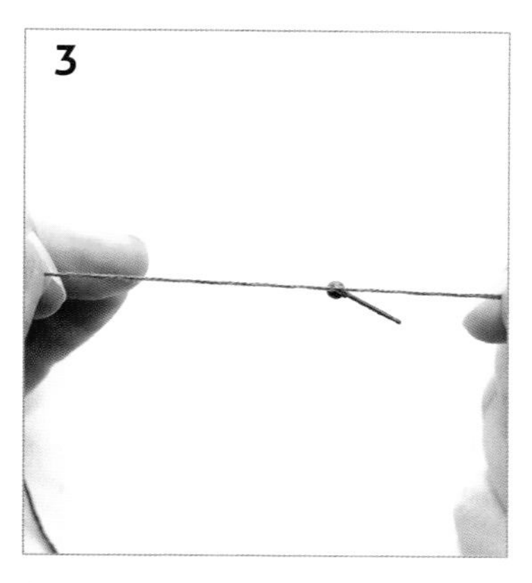

第3步 拿一根50厘米（19.6英寸）长的刺绣丝线（三股）系上银珠耳环固定件，两个长度应该相等。如果你需要整平耳环固定件让两个末端在一起的话就用平嘴钳。

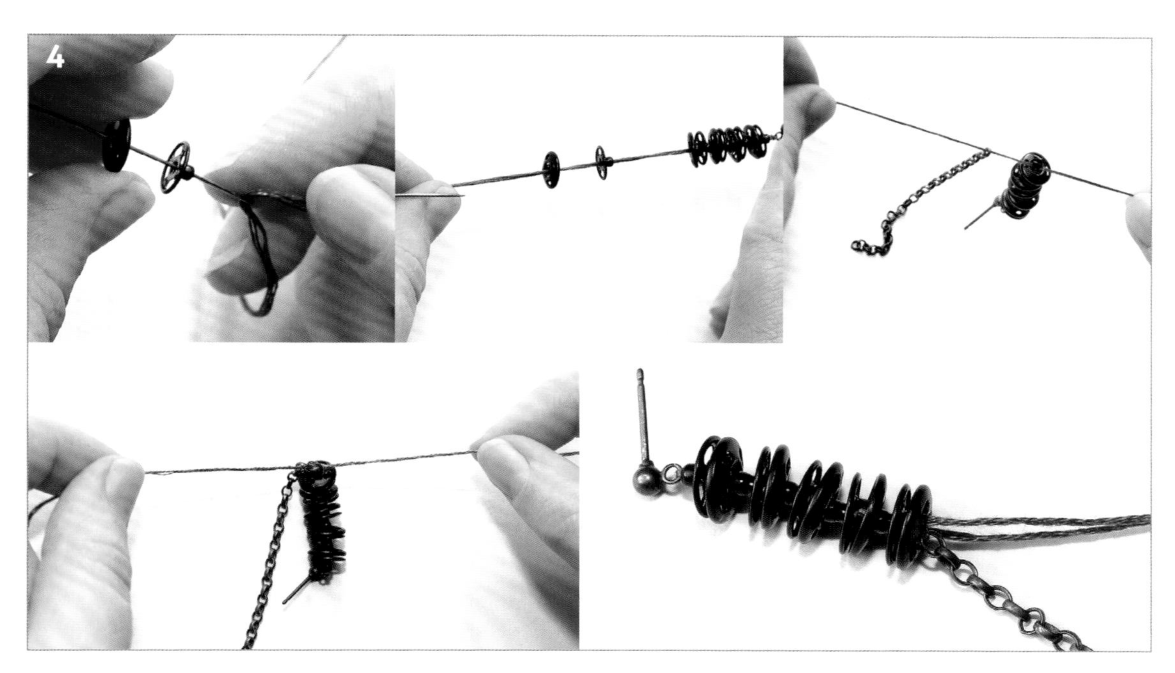

第4步 把六股丝线穿在缝纫针上并且把丝线穿到六套按扣中去，从每一套按扣背面穿到背面，一旦将六套按扣都推上去靠近耳环固定件时，就用一个单结将银贝尔彻链系在末端上。

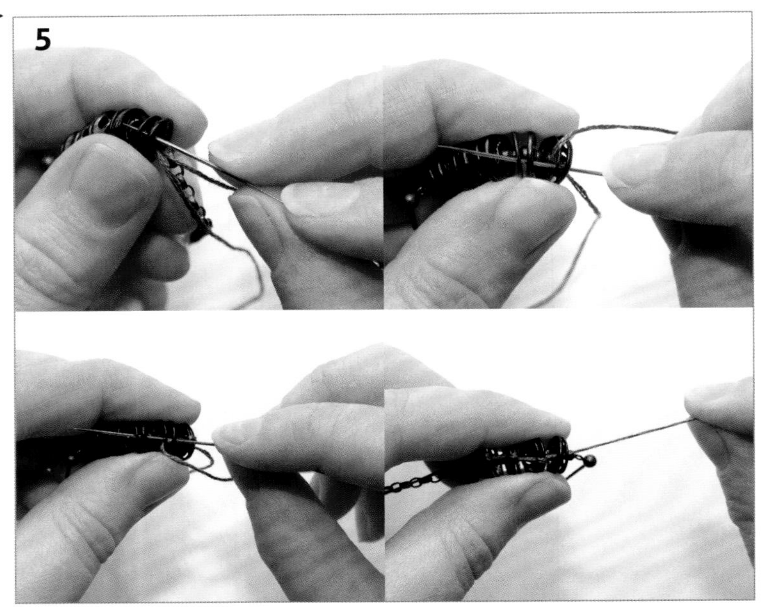

第5步 拿出三股丝线通过第一组按扣，然后再从第一组缝回来，将丝线穿过下一组再回来，像前面那样，直到将六组按扣都缝在一起。

第6步 将丝线穿进下一个按扣边上的眼中，并且用同前面相同的方法缝好所有按扣，丝线从扣眼中出来后固定好银贝尔彻链。

第7步 拿出另外三股丝线并且重复第5步、第6步的操作，直到把所有的丝线都汇集在一起。

健康与安全

记得按照安全酸和氧化液的使用说明操作，遵守其安全与健康的要求。当你购买任何产品时你都应该仔细阅读使用说明，因为品牌不同使用说明就可能不同。

第8步 把所有的股线都穿过链条，安全地打三次双结。留下几厘米，剪切掉末端以防其散开。

第9步 拿一根30厘米（11.8英寸）长的丝线，两股穿在一缝纫针上，通过银贝尔彻链的最后的链环并且系好结，这样操作三次。剪切断末端，留下1厘米（0.4英寸）的一簇作装饰。

第10步 用剩下的丝线重复两次第9步。得到三簇丝线系在银贝尔彻链的末端作装饰。检查这三簇是否长度相同，修剪整齐。

小窍门

你可以尝试混合使用不同尺寸的按扣，可能是渐变的长度。不同的链条类型将会有不同的效果。银是闪亮的或锈蚀的外观，可能会与按扣产生一种对比的效果。

艺术画廊
(The gallery)

1	3	5	7
2	4	6	8

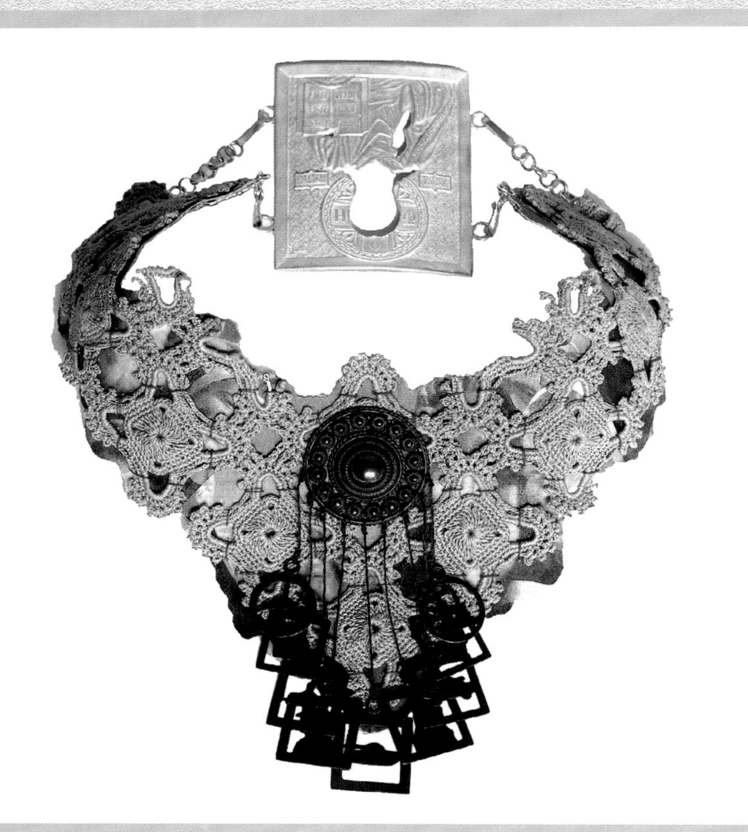

1 **领子，** Machteld Van Joolingen，毛毡，棉，转移印花，土耳其刺绣，银，2003，荷兰
2 **银和绿丝绸吊坠，** Deepa Taylor，银，绿丝绸，大约6厘米×5厘米，2007，英国
3 **叶子童话耳饰，** Alison Macleod，银，砂金石，文胸带，古老的珍珠母纽扣，大约8厘米长，2005，苏格兰
4 **吊坠，** Sonia Morel，银，聚酯线，8厘米高，2004，法国
5 **远离列车的每日新闻，** Juliette Megginson，钢，金，羊毛，棉花，丝，8厘米×5厘米，2007，法国，在英国生活和工作
6 **身份标签，** Åsa Lockner，银，丝，2厘米×31厘米×0.2厘米，2007，瑞典
7 **覆盖——项饰，** Adele Kime，银，纺织品，5厘米×5厘米×2厘米，2006，英国
8 **纯金胸饰，** Sebastian Buescher，石头，水晶，化石，铅，安全别针，5.5厘米×3厘米×2.8厘米，2007，德国，在英国生活与工作，Rob Koudijs画廊的展品

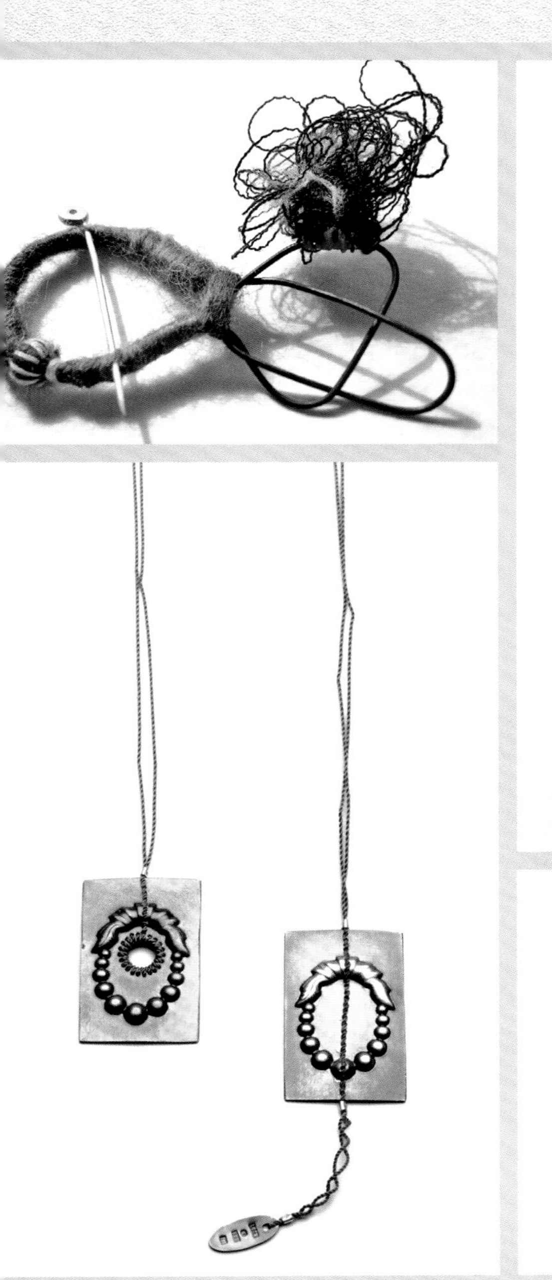

14. 木头和柳木垂饰
Wood & willow pendant

制作等级
初学者/中级

你需要哪些
材料
- 大约8毫米厚的柳木
- 1块大约11厘米×6厘米×0.5厘米（4英寸×2英寸×0.19英寸）的轻木
- 白色乳胶喷漆
- 天然大麻线
- 黑色棉线

工具与对象
- 首饰锯弓和锯条
- 削铅笔刀
- 缝纫针
- 4毫米（0.15英寸）的钩针
- HB铅笔
- 手持火炬和加热垫
- 砂纸或砂块
- 平锉
- 手钻和5毫米的钻头
- 木块和胶带
- 木头胶
- 圆规或圆形物体

这种自然材料的吊坠结合了许多种元素，仔细地将这些元素混合到一起并结合微妙的色彩与多种多样的自然肌理去制作一件首饰。

多样化

轻木和柳木的尺寸大小能够明显的改变设计效果，也可以采用一种彩色乳胶漆或者彩色线绳。

第1步 拿出轻木并在表面尽量画一个最大的椭圆弧形。你可以像我这样随意地画，以使它呈现出一种很自然的形式，像一块漂流木。或者如果你喜欢每一个边缘都特别精确的话，你也可以用圆规来画弧形或者用一个圆形物体做引导。

第2步 用首饰锯弓锯条小心地切割出圆弧形来，丢掉废弃的边。

第3步 用平锉锉磨边缘，使外观圆润，然后用砂纸或一个砂块抛光边缘直到满意。记得操作时前后两个边缘都要注意到。

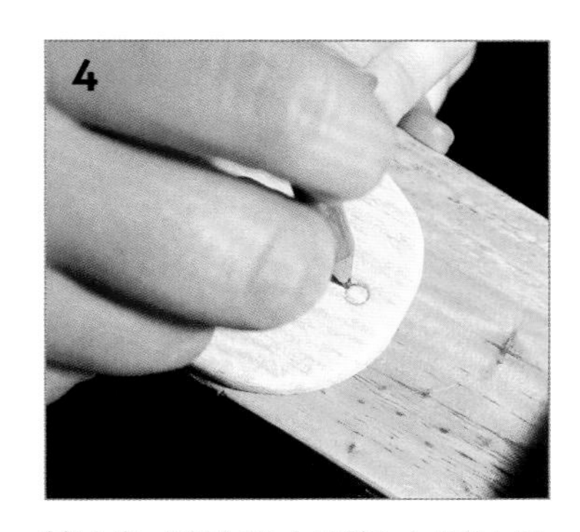

第4步 用铅笔在距轻木短边的上部1厘米（0.4英寸）的正中间标记出一个洞。

第5步 用胶带把轻木固定在一块木桩上，然后通过标记好的洞点钻一个5毫米（0.19英寸）直径的洞。因为轻木特别软，钻头会很容易地穿过轻木，用一把圆锉或者砂纸打磨光滑这个洞。

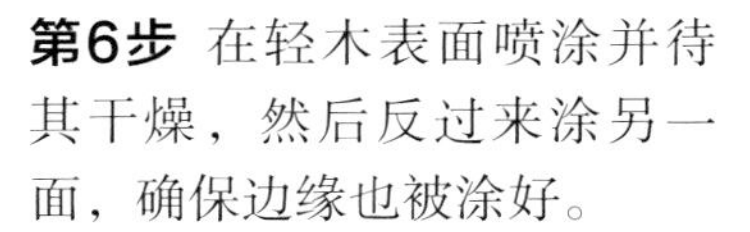

第6步 在轻木表面喷涂并待其干燥，然后反过来涂另一面，确保边缘也被涂好。

多样性

第111页显示的凹痕肌理不一定必须是随机的，你也可以在一个区域表面画一些点或者制作一些凹痕。

第7步 干燥以后，用手持火炬的一种温和火焰，扫过木头的边缘，直到有一种被烧焦的感觉。通过用砂纸或砂块去掉边缘烧焦的一层，显露出底下的轻木，来完成表面的操作。

健康与安全

当烧制木头边缘效果时，只是烧焦即可，不要着火。一定确保在烧制时旁边准备好水。

多样性

你可以根据个人品位尝试做各种各样的吊坠。用铅笔或钢笔在纸上设计你自己的吊坠，你可以尝试用一系列测试工件去设计并实验，一些新的想法常常从实验中诞生，由于材料并不贵，你可以广泛地实验并且推出一些可以替代的想法。

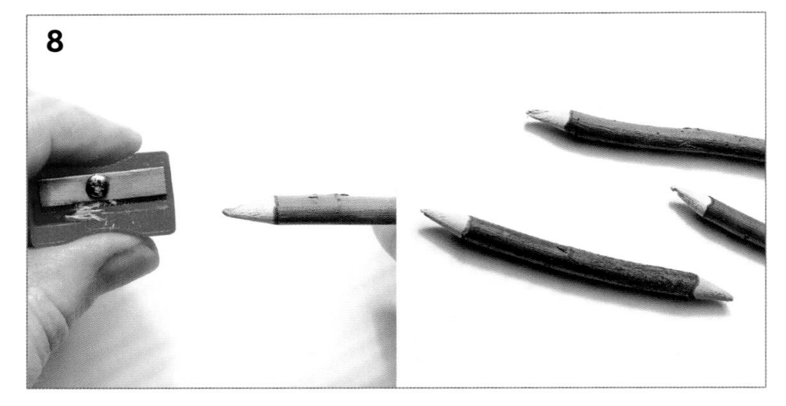

第8步 下一步，将柳木锯成长7~9厘米的三块工件。用一个削铅笔刀以削尖铅笔的方式削尖每一个末端。

第9步 把柳木放在轻木表面进行构图，直到满意，然后，用木头胶将柳木粘在轻木表面并待其干燥。

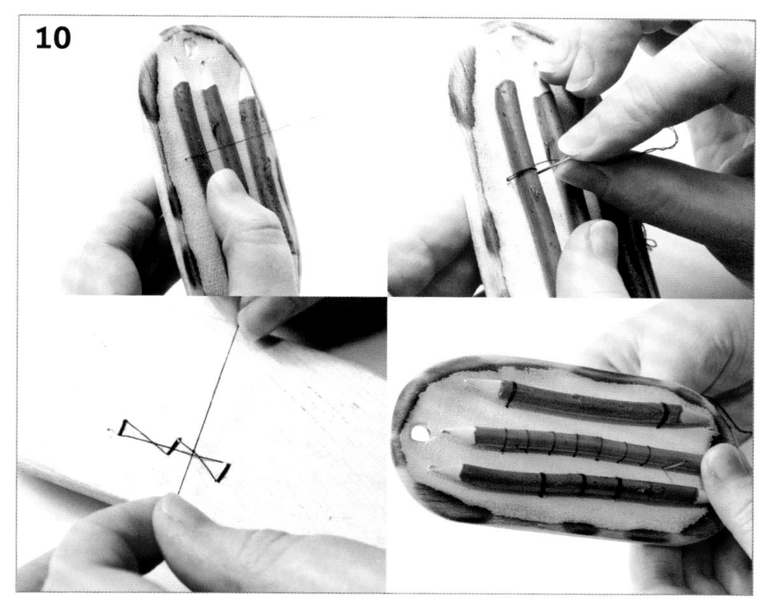

第10步 用黑色棉线将柳木缝在轻木上。木头胶会固定柳木，但是通过缝线柳木会有被固定的外观。设计你自己的缝线图案，可能是平均地缝制或者每一块柳木不同，用一股缝一些，或多股再缝一些，你可以清晰地看到我增加的单股线和多股线。

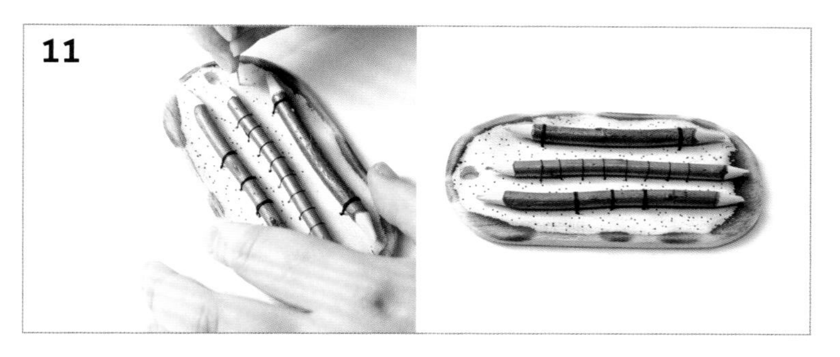

第11步 拿起缝纫针并且随意地刺扎轻木的表面，做出一种凹痕的肌理，只刺扎木头一半的厚度，这样木头不会裂开。

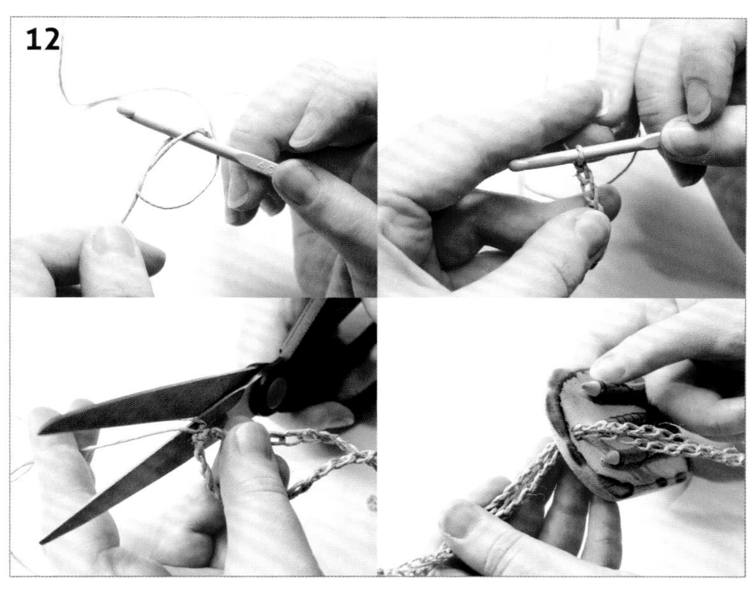

第12步 最后，用一根4毫米（0.15英寸）的钩针链缝，制作自然的麻链。麻链长度为200厘米（78.5英寸）。如果你不熟悉这个技术，你可以看看第114页的图像转移胸针章节的图片。在一个末端打一个末端结，做一条连续的链条。最后将链条穿过轻木顶部钻好的眼，穿过去一半，佩戴时长度对称。

艺术画廊
(The gallery)

<table>
<tr><td rowspan="2">1</td><td>3</td><td>6</td><td rowspan="3">8</td></tr>
<tr><td>4</td><td rowspan="2">7</td></tr>
<tr><td>2</td><td>5</td></tr>
</table>

1 **回想——项饰，**Keith Lo Bue，钢制动物腿夹子，中世纪的马刺，维多利亚时代的勺子和叉，豪猪的刺，罗马马的套筒，二向色的大理石，铜，维多利亚式的钥匙和黄铜的门插销，青铜武器，钢丝，黄铜，枝形水晶吊灯，钢点雕刻品，皮革，泥土，13厘米×11厘米×3厘米，链条95厘米，2007，美国

2 **项饰，**Iris Bodemer，金，珊瑚，蛇纹石玉，海绵，绳子，纺织品，19厘米×19厘米×3厘米，2004，德国

3 **Rosario di Carbone——项饰，**Alessia Semeraro，烧过的木头，24K黄金，铁，棉花，各种尺寸，2006，意大利

4 **ERIKA 05——项饰，**Stefanie Klemp，苹果木，塑料，丝线，97厘米×2.5厘米，2005，德国

5 **一对十字架——胸针，**Francis Willemstijn，英国沼泽橡树木，银，纸，10厘米×6厘米×3厘米，2006，荷兰

6 **在树影中——胸饰，**Mari Ishikawa，植物铸造和锻造，银，6厘米×4.5厘米×2.5厘米，2006，日本，居住在德国

7 **椭圆Bonsai——胸饰，**Terhi Tolvanen，银，梨木，毛毡，纺织品，陶瓷制品，在EKWC做的陶瓷制品，高10厘米，2007年完成，在荷兰生活与工作

8 **二元论——胸饰，**Robin Kranitzky和Kim Overstreet，薄木片饰板，铜，胶纸板，黄铜，树脂，银，轻木，明信片和现有物体，11.4厘米×7厘米×3.2厘米，1995，美国

15. 图像转移胸针
Image transfer brooch

制作等级
中级

你需要哪些
材料
- 6厘米（2英寸）直径的木盘
- 木器底漆颜料（白色）
- 图像从电脑上印制到标准的照片拷贝纸上
- 蓝色羊毛线（2股）
- 1个安全别针
- 黑色羊毛毡
- 丙烯凝胶剂
- 黑色刺绣丝线
- 肥皂片
- 完成休整蜡（表面完成蜡）

工具与对象
- 2毫米（0.08英寸）的钩针
- 缝纫针
- 1个碗
- 1个勺子或印刷滚轴
- 纸巾

本章节展示如何用更有创意的材料与技术去制作一款胸针。你能用你自己的照片，绘画作品或拼贴画来制作这款独一无二的首饰。

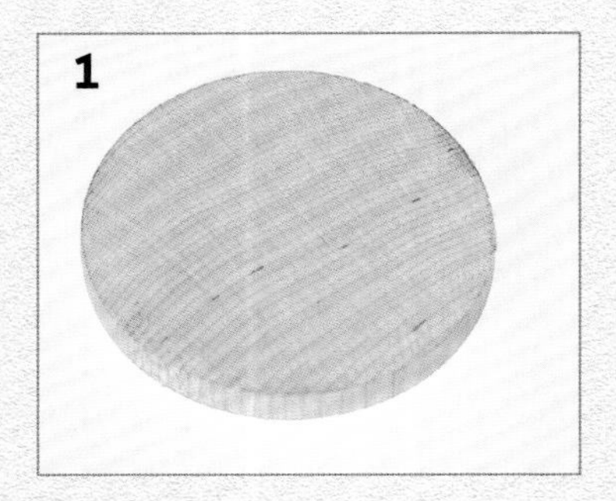

第1步 拿出一块从工艺商店中买来的圆木盘。以我个人作品为例，我用的是一个直径6厘米（2英寸）、厚0.7厘米（0.28英寸）的圆木盘。如果你找不到这种东西，你自己切割一块木块也相当简单，或者让当地的五金商店帮你做好。

第2步 根据使用说明，用一种多功能木器底漆填涂表面。确保表面是光滑的，圆盘的边缘也必须被涂画，但背部可以保持原样。

第3步 打印出一张照片或图像，这个图像可以是任何你所喜欢的东西，我的图像是我所拍摄的弗吉尼亚·伍尔夫住过的修道士房子。记得需要用一个6厘米（2英寸）直径的圆圈，可以根据这个尺寸来放大或缩小图像尺寸。

第4步 用丙烯凝胶剂来涂画图像的表面。涂一层光滑的薄层，使你能够印出一个清晰的图像。将图像湿的表面贴在圆木盘上，圆木盘涂底漆的那一面向下，贴在你想要印的图像的上面，用你的手指和勺子的背面或印刷滚轴摩擦并压按图像纸。摩擦压按图像大约一分钟后，把纸揭下来，图像就转移到木头上了。先揭下一小片看看，如果图像还在纸上的话，继续这个摩擦过程。

第5步 让印好的图像干燥两小时，这个阶段会有一些多余的纸粘在图像上，你不能看到很清晰的图像。

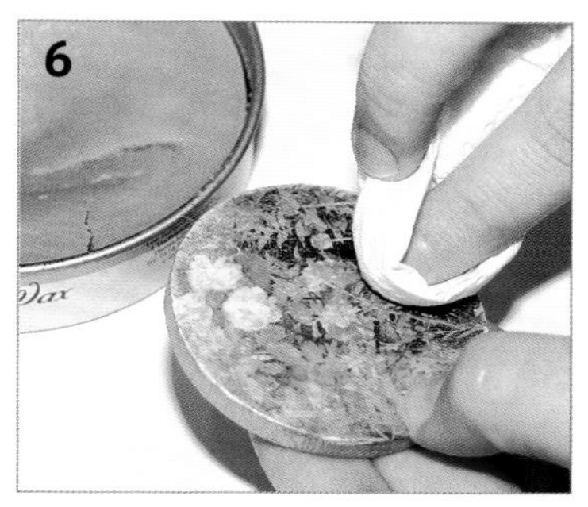

第6步 拿一张纸巾加一点抛光蜡，轻轻地摩擦表面，去掉多余的纸，显示出图像。让蜡干燥然后摩擦背面。用一张干净的纸巾重复这个过程两三次，直到图像变干变硬。蜡将会保护图像，不要摩擦得太厉害，否则会把图像擦掉。

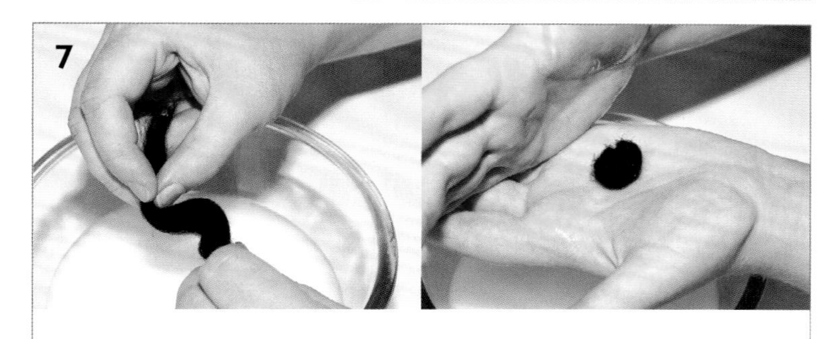

第7步 制作毛毡球，盛一碗热水并加少量肥皂碎片。肥皂片溶解在热水中，你可以搅拌使肥皂片加速溶解。拿一小块黑色的羊毛毡浸在水中直到完全浸透。用手掌揉羊毛毡，需要时把它放在水中再次浸泡，继续揉羊毛毡直到纤维固定在一起成为小球，如果你需要更大的球你可以加一些羊毛纤维到小球中。

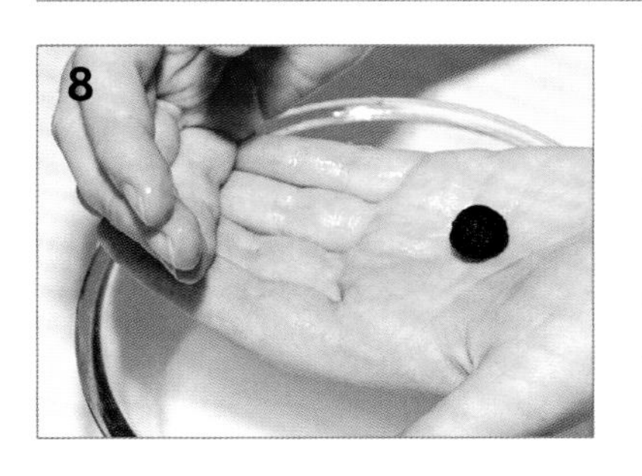

第8步 冲洗每一个羊毛球并挤出多余的水分，每一个球的尺寸在1厘米（0.4英寸）和1.5厘米（0.6英寸）之间，做7个小球。你可能需要不同数量的羊毛球，根据你的设计去决定是做少量的大球，还是大量的小球。将所有的7个小球都放在一台洗涤器中调到高速冲洗程序，加少量的肥皂片，这将帮助毛毡纤维挤在一起，变得更小更紧实。

第9步 制作胸针的背面，用能在2毫米（0.08英寸）或3毫米（0.1英寸）的针上编织的毛线，在一根2毫米的钩针上做一个滑结，并且做一个5个环长的链形缝线。

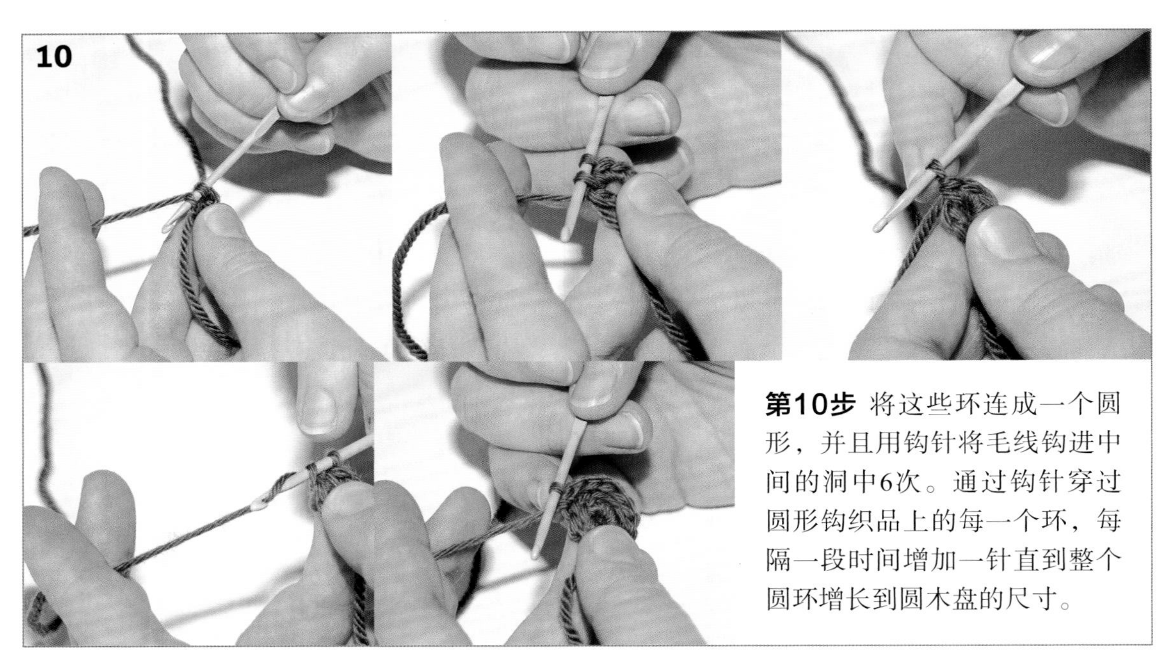

第10步 将这些环连成一个圆形，并且用钩针将毛线钩进中间的洞中6次。通过钩针穿过圆形钩织品上的每一个环，每隔一段时间增加一针直到整个圆环增长到圆木盘的尺寸。

第11步 达到合适的尺寸后，每隔几针减少直到钩织品围绕圆木盘固定住。当减少针数时要不断地检查圆木盘，确保你没有使钩织品变得太小。根据你自己要求的松紧度，你可以减少更多或更少的次数去使其达到正好合适。

第12步 当你钩好钩织品时，留下40厘米（15.5英寸）的余量切断毛线，拿一根缝纫针穿过毛线，通过钩织品到达中间的洞里，把毛线穿过去，在钩织品中间的洞的位置上缝上安全别针。

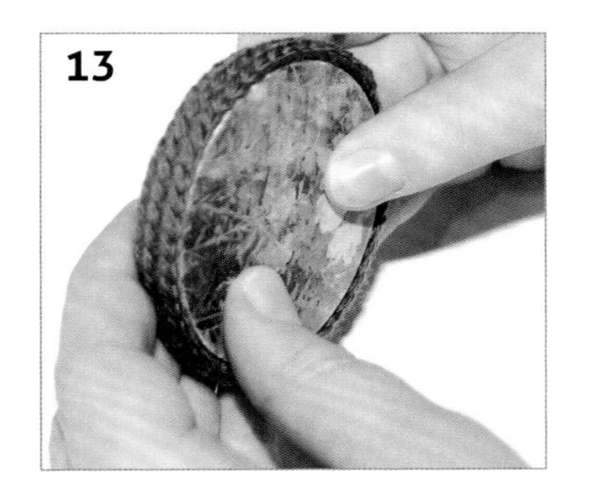

第13步 检查钩织品与木盘是否适合。涂一薄层纤维胶在木盘背面，小心不要把胶弄到可以看见的表面，再把钩织品套在木盘上，待其干燥。

第14步 现在用与羊毛毡球同色的线将小球缝到相应位置上。我使用的是三股丝线。用一根缝纫针把线穿过背面钩织品的表面，穿到图像上面固定第一个羊毛毡球。把羊毛毡球固定到位置上缝好再缝回到钩织品表面几次，直到感觉牢固。在钩织品的下面穿线出来，用同样的方式固定下一个羊毛毡球，继续操作直到你把所有的羊毛毡球都固定在目标位置上。如果你不能确定位置的话，在缝之前先把羊毛毡球放在木盘周围，确定一下你喜欢的布局。最后，在钩织品上缝进缝出确保羊毛毡球被固定好，之后剪掉松散的丝线。

艺术画廊
(The gallery)

1 **生长系列——胸饰，**Natalya Pinchuk，羊毛，铜，珐琅，塑料，蜡线，不锈钢，6厘米×9厘米×8厘米，2006，俄罗斯，在美国生活与工作
2 **胸饰，**Lisa Walker，陶器，黄金，木头，胶，银，天然漆，6.5厘米直径，3.5厘米高，2006，新西兰，在德国生活与工作
3 **想要飞——胸饰，**Jantje Fleischhut，金，印刷品，环氧树脂，塑料，清漆，10厘米×5厘米×5厘米，2007，荷兰，Rob koudijs画廊的展品
4 **碎片——胸饰，**Cilmara de Oliveira，银，木，黄水晶，蕾丝，7.5厘米×4.5厘米×3厘米，2006，巴西，在德国生活与工作
5 **诗歌——项饰，**Paula Lindblom，塑料罐头，瓷数字，玻璃珠，尼龙线，书签，各种尺寸，2007，瑞典
6 **项饰，**Ermelinda Magro，聚亚安酯，喷漆，制作者拍的照片，树脂，银，20厘米×30厘米，2005，瑞士
7 **腼腆的人，**Antje Illner，铸造光学玻璃，亚麻线，3厘米×6厘米×3厘米，2007，德国，在英国生活与工作
8 **献给你我的心——胸饰，**Nicolas Estrada，银，玻璃，照片纸，由Catalina Estrada说明，4厘米×4厘米×0.7厘米，2007，哥伦比亚，在巴塞罗那生活与工作

16. 会见制作者
Meet the makers

本章节介绍了一些制作者，在本书的画廊页面展示了他们的作品。这些首饰制作者将会带你深入地理解他们是如何工作的，他们的想法如何诞生以及他们的艺术作品如何成型实现。他们还会以独特的视角向你展示综合材料首饰的世界。

最为重要的是每位制作者谈及他们的作品都是那么的热烈激昂。了解制作者、看他们画的图、设计与制作过程的例子，这些毫无疑问地会激发你的创作灵感。

Alessia Semeraro

你在哪儿被培养成一位首饰设计师？你的业余时间都在学习成为一名首饰制作者吗？我30岁时才开始学习首饰制作，在那之前我在一家商业资讯公司做媒体平面设计师。这对我来说是生活转变中成熟的选择。那时，再次开始和那些至少比我年轻10岁的学生一起学习是充满挑战且令人兴奋的，就像获得重生一样。我是在伦敦市政厅大学开始BA课程的学习的，后来我搬到了佛罗伦萨并且参加了阿基米亚 (Alchimia) 的课程。

你总是使用现在你的作品中所用的材料，还是用多种材料达到你的设计想法呢？自从我刚开始学习我的专业时，我用的所有的材料都还在用，这些材料有共同的纯粹的概念，这就是为什么我总是试着使用自然中发现的材料。

你认为你工作的国家对你的创作有什么影响吗？不同的国家和地区的很多方面都对我有影响，比如气候、空间、光和色彩，周围的文化，相关联的人，在艺术、设计制作领域也一样。比如，在我刚开始创作时，我生活在意大利的东北部，住在平坦的多雨的乡村，那里的乡村的特质、原始的自然气息与人文情怀确实影响了我的作品与基础材料的使用。

你是怎么定义这个术语"综合材料首饰"的？我不认为综合材料是另一种首饰，我更倾向于把它看作是基于不同的特殊的技术的一种定义。很明显，综合材料首饰超出了传统首饰的框架。传统首饰使用古老的且众所周知的技术，而综合材料首饰需要实验与创作技能，它代表着那些真正的艺术家与独一无二的综合材料首饰的发明家的利益。

设计师的工作室总是吸引人的，你能描述一下你的作品诞生的空间吗？我的工作室是一个铺着木制地板的乡村房屋，它在意大利，建于19世纪，我需要的所有东西都在这个屋子里：书，电脑和工具。我在一个传统的意大利式工作台上设计并制作首饰，并且在一个白色宜家桌子上绘画和学习。这面白色的古老的墙是一块帆布，承载了我的绘画、创作、发现的物体与记忆。

1 肖像
2 设计图
3 测试工件
4 视觉调研
5 **戒指**，烧焦的雪松木，银制铆钉，3.5厘米×2.5厘米×1.5厘米，2002，意大利

Dionea Rocha Watt

你是怎么定义这个术语“综合材料首饰”的？

综合材料首饰不只是做那些高档的贵金属与宝石首饰，它让制作者交叉拓展了“珍贵”的临界点。我发现将贵重的和不贵重的材料混合在一起制作首饰是有趣的，它强调了这种矛盾。

当你正在学习设计与制作首饰时，有哪些制作者影响了你的发展呢？

拉蒙·普格·古耶斯 (Ramon Puig Cuyàs)，他在巴塞罗那的马萨纳学院 (Escola Massana) 教书。我在那儿作为一名交换学生学习，我发现他的教学非常启发人。他鼓励学生发展个性化的设计并且用不同的材料去实验，我想我学会了让自己用更加直观的方式去设计。

当综合材料用于首饰中，有无穷尽的可能性和出路，你为什么在作品中使用综合材料？

不同的材料有不同的物理特性和象征性特性。对我而言，先有想法，再选择材料。但是，如果你善于感受材料，材料也能使你的作品更活跃。

你是如何进行设计的？你用速写本和测试工件吗？

我有时用速写本，有时直接做出模型或者甚至用最终的材料直接工作。我也认为广泛地收集视觉信息与研究材料是重要的，以便“想法”能突然进入头脑中，这种“脑中的灵感”对我来说就像是保存了一种视觉日记，这种视觉日记并不是作为单一的实体而存在，只是一种想法和图像的集合，因为收集随时都可以做。它就像是带着一个目的做白日梦，发现怎么去“物质化”想法并“看到”可能性。对我来说，困难就是去编辑这些丰富的资源并做出决定。这就需要用到物理性草图或做其他有帮助的事情。

你总是用你现在的作品中所用的材料，还是用不同方式达到目的呢？

不是，我选择这些材料作为那段特定时间我的生活中表达一定想法的一种方式。我是怎样表达生活的脆弱和永久与短暂的对比呢？以头发为例，有历史和经验两方面，它的历史方面的使用的例子是用在纪念首饰中充实作品，而处理材料的经验和理解则是关键性的。通过把头发与其他材料结合在一起，比如铅，一个列出的图表出现了。这种图表中的材料是我希望在每一件新作品中使用的。

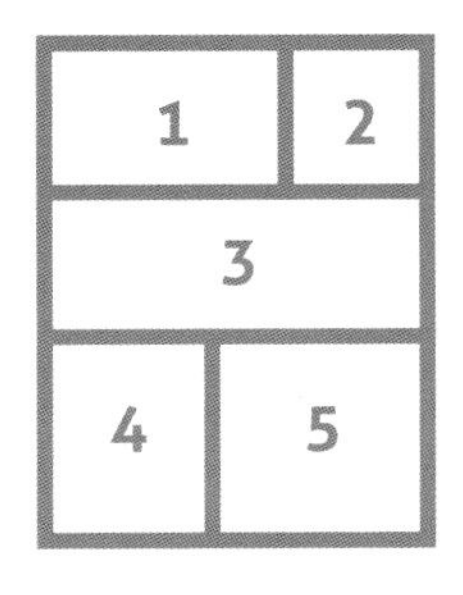

1 肖像
2 设计手稿
3 研究
4 设计手稿
5 **遗失——胸针**，蕾丝，人类头发，银，铅，淡水珠，6.5厘米 × 8厘米，2006，巴西，在英国生活与工作

Ela Bauer

当综合材料用于首饰中，有无穷尽的可能性和出路，为什么你在作品中使用综合材料？

综合材料对我来说是以一种自然的方式去工作，尽管我喜欢使用传统的首饰技术与材料，但我从没有感觉首饰就在那儿开始或结束。我猜想我想要表达尽可能直接，而不是一种“完全使用金属”的表达，这就是为什么我以最直接的方式使用那些可以表达或与我想要表达的东西相关联的材料与技术。

当你开始制作时，你能想像到作品的最终样子吗？

不是。但我常常在脑中有一定的形式。凭经验我知道想象出来的形式真正实现时，会有非常不同的表达效果。所以，我朝一定的方向工作，朝着一种特定的感觉/想法/形式。同时，在制作过程中，我会广泛地去发现。常常发生这样的事情，当我朝着“计划A”工作时，我看到了一种完全难以预测的风格/感觉出现在作品中，所以我改变了“目标”，“计划A”就停住了，我开始朝着一个新计划去工作。

你总是用你现在的作品中所用的材料，还是用不同方式达到目的呢？

我想每个时期都有它的“完美的”媒介；一种材料在我的作品中占据主导画面。尽管我总是结合多种材料，有一段时期，乳胶橡胶对我来说意味着一切，我想那个时候它肯定完美地表达了我的想法。我用许多种橡胶与塑料做实验，现在我用一种硅胶来满足许多的需要。

当你正在学习设计并制作首饰时，有哪些制作者影响了你的发展呢？

丹尼尔·克鲁格 (Daniel Kruger) 和奥托·昆泽里 (Otto Künzli) 对我来说一直是非常重要的首饰制作者。他们的方法非常的不同，但是都非常“纯粹”和强烈。他们用完全不同的方式对待材料，但是在他们的实例中，材料会以本来面貌示人，并具有一定的代表含义。我也受到其他学科的艺术家的影响，如路易丝·布尔乔亚 (Louise Bourgeois)，安尼施·卡普尔 (Anish Kapoor)，马修·巴尼 (Matthew Barney)。

看一个制作者工作的地方总是吸引人的，你能描述一下你的工作室吗？

我的工作室让我感觉很开心，它给了我所有想要的感觉。它是舒适惬意且宽敞的，温度适宜（当工作空间冷的时候我感觉我就不能集中精力）。在一面墙上，挂了过去我做的各种各样的作品和一些图片，它们启发鼓舞着我，它们是我处理作品力不从心时的动力和构思火花。我也收集了许多对我有意义的物品，还有书。在我的工作室中有五张大桌子，它使我能够同时为几种作品方案工作，不必整理它们。有时它感觉有一些混乱。我有所有必需的设备和一个大的材料储存工厂，我收集了许多年，它真是一个可爱的空间！

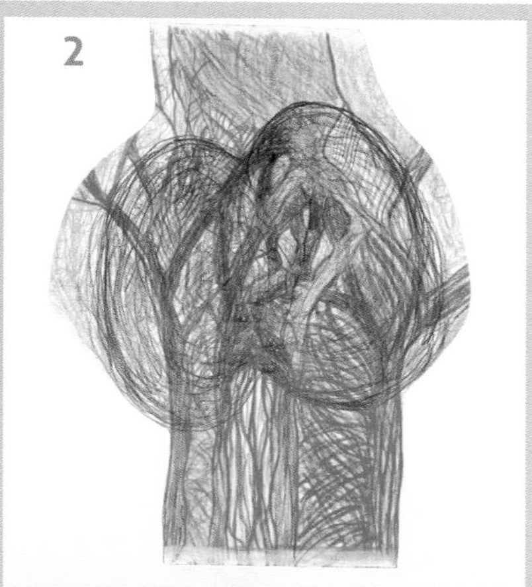

1 肖像
2 效果图
3 工作过程
4 工作过程
5 **胸饰**，硅胶橡胶，玻璃珠，丝线，金，7厘米 × 4厘米 × 3厘米，2007，波兰，在荷兰生活与工作

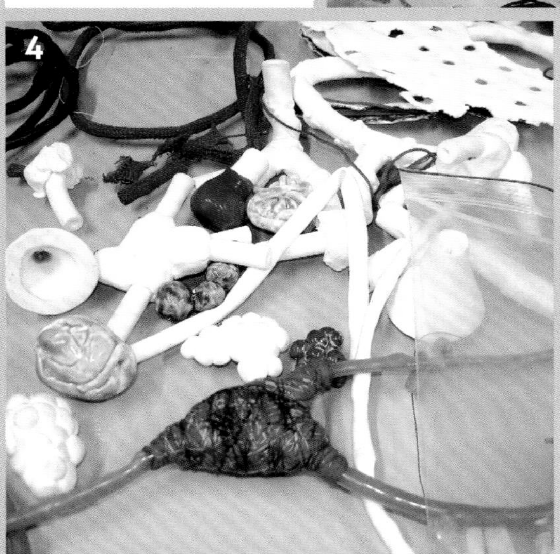

Francis Willemstijn

你是在哪儿被培养成一名首饰设计师的？你的业余时间都在学习成为一名首饰制作者吗？

大约1996年，我成为了学院的一名艺术与工艺教师。在那段实习时期我开始教首饰的晚间课程。那时候我与其他首饰制作者共同使用阿姆斯特丹的一个工作室。但也失去了“一些东西”，我教了一年书，我没有制作首饰的时间，我想要做更多的首饰。所以在2001年，我再次到了阿姆斯特丹的皇家艺术学院 (Gerrit Rietveld Academie)，在那儿我找到了我要寻找的东西。

你认为今天谁是最有趣的综合材料首饰制作者？

泰尔希·托尔瓦宁 (Terhi Tolvanen)。她能将木头与陶瓷，纺织品与玻璃，石头与平砂混合在一起，创造出我所见过的最美丽的且最强烈的作品。这些作品的力量好像总是在那儿，并且没有任何其他的方式存在。近看它们制作得如此完美，就像原本它们就长成那样一样，就像它们是被自然母亲创造出来的。

请说明一下一件新作品的开始点，或许你开始于一个想法、照片、博物馆旅行、一种材料等？

首先，我有了想法，有了收集的主题。然后，我收集了许多适合这个主题的材料。带着它们我开始创作。我有许多材料没有用到最终的作品中，但是我认为那就是过程。当制作时，我也用照片，并在电脑上对部分照片进行操作。

当你开始制作时，你能想像出作品的最终样子吗？

几乎不能。我有时做少量的素描草图，但当我工作时，我收集了许多没有完成的作品以及一些未完成的作品照片。在我重新安排它们之后，它们中的大多数不能做成最终的作品，并且许多都是以不同于我预测的样子完成的。如果我必须像我计划中那样准确地做东西的话，我认为我可能失去了很多制作的乐趣。

你认为你所工作的国家对你创作作品有什么影响吗？

或许是你去的学院对你有影响。许多荷兰作品都不是由出生在那儿的首饰设计师做的，而是那些去过皇家艺术学院的人制作的。在我的系列作品“Jerepaes”中，主题是荷兰17世纪，而在我的另一个系列作品“Heritage”中，主题则是荷兰的传统服装，所以它们都与荷兰相关，围绕我的国家创作的。但是内容又完全不同，比如我的下一个系列作品。

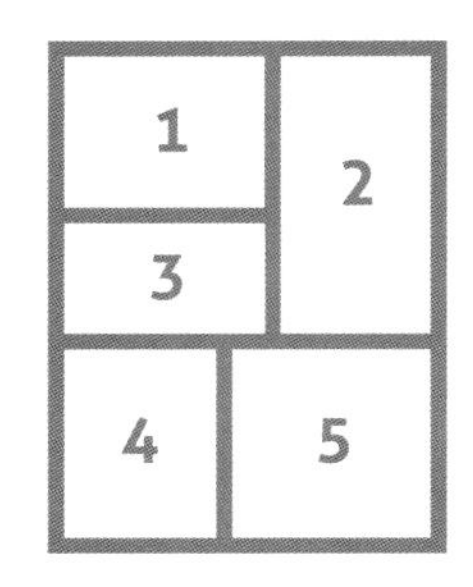

1 肖像
2 效果图
3 工作过程
4 工作过程
5 **生命之树——胸饰**，银，沼泽橡树，9.5厘米×5厘米×2.5厘米，2007，荷兰

Ford
17 18 10

Jo Pond

你是在哪儿被培养成一名首饰设计师的？你的业余时间都在学习成为一名首饰制作者吗？

我是在15岁时开始制作首饰。我妈妈给我在南山公园艺术中心的瓦莱丽·米德(Valerie Mead)处报名登记了夜间课程。在波克夏(Berkshire)艺术与设计学院修了一个两年的文凭之后，我开始在拉夫堡(Loughborough)的拉夫堡艺术与设计学院学习我的学士学位并于1990年毕业。到2005年，我在伯明翰首饰学校获得了首饰、银器与相关产品方向的硕士学位。学习传统技术是值得的。我的硕士学位的几年是最促进我学习的一段时间，这种训练使我成为一名成熟的学生，能够去百分之百的保证去追随我个人的梦想意愿。

当综合材料用在首饰中时，有无穷尽的可能性与出路，你为什么在作品中使用综合材料？

我对于古老与丢弃的物品的激情源自童年，那时我常常与我的父亲一起去金属侦查，每一次发现都是一笔财富，无论它是多么的生锈或微不足道。我也对“侘寂”(Wabi Sabi)感兴趣，我的作品中的日本美学的那些不完美的非永恒的东西。不完整的、与众不同的、丢弃的或看上去不合适的东西能够激起一种怀旧的感觉并产生新的想法。通过这些不相干的没有金钱价值的物品，我努力使观者去重新思考他们事先形成的观点。

你认为你工作过的国家对你的创作作品有什么影响吗？

我相信有。我的不相关的现有物品主要是英国的。我的绘画对象是我的祖母的或我的祖先的或他们用过的。一些我混合进来使用的物品是在泰晤士河发现的，另一些是我的父亲在英国南部“挖掘”的。有时候，我会使用其他首饰设计师丢弃的废料，古老的物品会讲述一个故事并且我尤其沉醉于老式的流行的英国传统。我也常常结合一些多次翻阅的、陈旧的英语小说中的原文。

当你开始制作时，你能想像到作品的最终样子吗？

不是的。当我开始我的设计进程时，我总是会把对于最终作品的最初想法画出来然后把图纸丢到一边。我感觉丢弃最早的方案并继续向前走是非常必要的。偶然地来自最早的方案的一个细节可能会在设计过程中闪现在我的脑中。然而，我会在许多想法面前徘徊，在我让那些细节实现之前形成明确想法。

看一个制作者工作的地方总是吸引人的，你能描述一下你的工作室吗？

目前，我业余时间在我的小木屋中工作，我有一些小设备、一个工作台和一个大设计桌。我有基本的手头工具，一个抛光器（吊机），一个戒指扩大缩小器和一个喷灯。我是相当不整洁的，需要更多空间去展示许多找到的物品，并且我的架子和抽屉都塞满了发现物。我的墙上覆盖了草图，以前作品的照片和关于一定的组成物的尺寸。我的猫Dotty和我一起分享小木屋，它在我后面的蒲团上。

1 肖像
2 设计过程
3 设计过程
4 设计过程
5 **带笔刷的纽扣胸针，**
牛皮纸，银，回收皮革，笔刷，大约17厘米×4厘米×1.5厘米，2006，英国

Jo Pudelko

你是在哪儿被培养成一名首饰设计师的？你的业余时间都在学习成为一名首饰制作者吗？

我在爱丁堡艺术学院跟随多萝西·霍格(Dorothy Hogg)和苏珊·克洛斯(Susan Cross)学习。当我申请学院时，我的选择主要倾向于地理学，我在爱丁堡生活。我发现多萝西的盛名和这个学部开设选课比较晚。这个课程是令人惊异的，导师有非常高的期望，而作为一名学生我总是被鼓励，我主要是选择用什么材料工作，或者使用什么工艺实现。当我开始用树脂制作时，我需要一些建议，多萝西就安排凯兹·罗伯逊(Kaz Robertson)来指导了我一个下午。我喜欢在学院度过的时光，并很高兴再次做这些事情。

当你正在学习并制作首饰时，有哪些制作者影响了你的发展呢？

以前我在零售管理处工作，参加Anna Gardon的暑期学习班对我来说是一个真正的启明灯。上过暑期学习班之后，我很快辞掉了工作并且申请艺术学院。很显然，多萝西·霍格和苏珊·克洛斯作为我在学院主要的导师对我的发展有巨大的影响。我们是一个年龄非常接近的团队，仅有11个人并且我们都不断地彼此联系。当我需要时我总是能得到他们诚实的想法、建议和一杯咖啡。

作为一个制作者，你的工作的最令人感兴趣的部分是什么？

我喜欢与人交谈交流我制作的作品。人们常常不确定我的作品中的材料是什么，我喜欢解释关于我的作品的回收材料。在零售部门工作许多年后，我现在真正很幸运地在做一些我喜欢的事情。

作为一名制作者，你的工作中最不喜欢的部分是什么？

我喜欢在工作台上花费许多时间，但是我发现除了成为一名首饰设计师还需要成为一名新一代的毕业生。我还是一个摄影师，销售人员和书籍收藏者。

你认为你工作的国家对你的创作作品有什么影响吗？

肯定的，在英国，当代首饰状态是多样化且充满生气的。在我生活与工作的地方爱丁堡，画廊与商店有一个巨大的进步，它们储存了非常有趣的来自苏格兰制作者的当代首饰，爱丁堡也给了我我是这个制作团体的一部分的感觉；它友好且亲密，还提供了一个更大城市的文化感觉和机会。我从加拿大搬到爱丁堡十年了，并且爱丁堡的人文艺术、氛围与历史是我的连续不断的灵感来源。

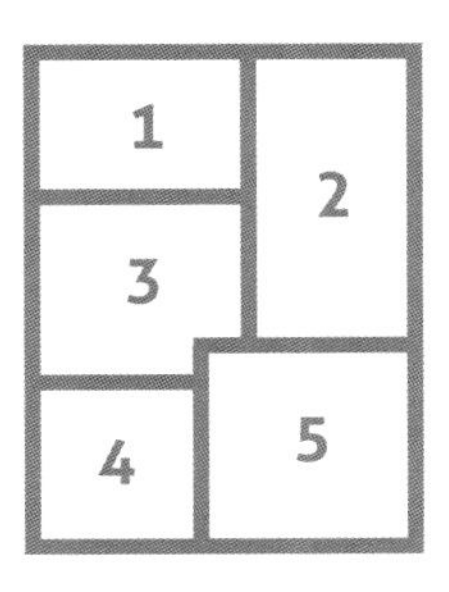

1 肖像
2 设计手稿
3 设计手稿
4 设计手稿
5 **魔鬼爱尘——吊坠**，丙烯酸塑料，银，现有物品，塑料网和黑砂，橡胶，9厘米×9厘米×1厘米，2007，加拿大/英国，在苏格兰生活与工作

trapped fragment
SHAPE
IN CARVED RESIN
-WHITE WITH TINY
HINT OF BLUE?
giant brooch
necklace possibility?
nice colour
NICE SHAPE & PATTERN.
mesh drying in the sun
MARILYN EARRINGS
fewer segments
scrap silver instead of dust?
brooch of resin segments & dust

Leonor Hipólito

你是在哪儿被培养成一名首饰设计师的？你的业余时间都在学习成为一名首饰制作者吗？

在1994和1995年，我在里斯本的联合导演（Contacto Directo）学校学习一门技术课程，1995年，我决定出国，进入了里特维尔德设计学院的首饰系，1999年完成了学业。在1998年的同一时期，我参加了一个纽约帕森斯设计学院的交换学生项目，这段时期的学习对我的发展至关重要。

当综合材料用在首饰中时，有无穷尽的可能性与出路，你为什么在作品中使用综合材料？

综合材料是一种想法的结果。我有时把材料当成一个开始点而不是材料本身，举例来说，未加工的木材。我总是寻找一些希望能最好地表达想法的材料。大多数时间，几种材料的混合往往是最好的方案，因为它们的对比可以创造一些设计张力或者说它们的混合增强了形式感。

请说明一下一件新作品的开始点，或许你开始于一个想法、照片、博物馆旅行、一种材料等？

我通常开始于一个想法。然而，那个想法是我对于一些特别触动我的事情的反应，并且一般来自于一种去探索追寻我的观点的驱动力。它可能是偶然的一个图像，一种生物，一种文化，一个环境，一种感觉，只一瞬间而已。

当你开始制作作品时，你总能想像到作品的最终样子吗？

我做的大多数作品主要是成系列发展的。因为它们产生于一种非常明晰的创作意图；一种我能够辨识自我的传递信息的希望；是以前计划好的并且是可视的。大多数时间，在三维空间的作品图之前我可能就已经有最终作品的视觉感觉了。那并不意味着形式不会发展并偏离原来的计划。它是实验过程的一部分。我也不会跳过重要的前面几步诸如画图、模型和做笔记。

你总是用你现在的作品中所用的材料，还是用不同的方式达到目的呢？

时不时我会选择一种对我来说比较新的材料，但是许多年来，我意识到有一些材料总是会回过头来用，比如银、树脂、橡胶、织物或木材。

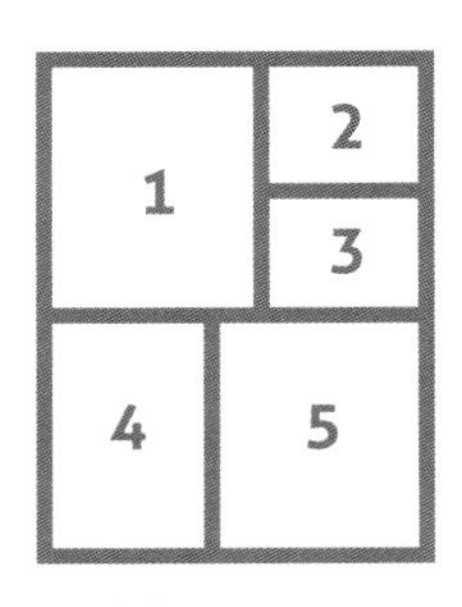

1 肖像
2 设计过程
3 材料过程
4 设计过程
5 **伪装——项饰**，木材，喷漆，银，封闭的：29厘米×3.3厘米，开放的：97厘米×3.3厘米，2007，葡萄牙

Lina Peterson

你认为你所工作的国家对你的作品有什么影响吗?

我认为从一个我出生的国家瑞士到其他国家学习和工作，有时会使我在怎样实现我的作品方面感到更多自由。我也认为它使我对于起源和归属地的概念有更多的思考，材料的选择有时会被这些思想影响。举例来说，我在之前的作品中使用过我祖母的茶塔，但是大多数情况下我不认为它很重要。

在你的作品中你是怎么运用色彩的?

我对色彩很感兴趣，并且在我的首饰中我直觉地使用它们。我在我的作品中使用色彩，在同一件首饰中既用单一色彩，也会混合搭配不同的色彩。当几件作品一起展示时，色彩如何使用也很有意思。

当你开始制作作品时，你总能想像到作品的最终样子吗?

当我刚开始制作时，我很少知道一件作品会看上去怎么样。我会有一种我想让它看上去什么样子的想法，或者说感觉像什么，但是制作时会改变它。我总是用我之前没有用过的材料或者用一种新的方式安排设计一些材料。我不太清楚结果会是什么，对我来说它是我快乐的一部分。

当你正在学习设计与制作首饰时，有哪些制作者影响了你的发展呢?

我记得我发现去找到一种关于“去看其他设计师的作品多少”的平衡是困难的，因为我意识到当我正在寻找我想做的首饰的时候，我总是相当容易受到影响的，并且我不想做出来的首饰看上去像别人的。认真去看看首饰以外的世界是很好的，去看看绘画、摄影、产品设计、去阅读，去看电影。

看一个制作者工作的地方总是吸引人的?你能描述一下你的工作室吗?

在我的共用的工作室中，我有一张长桌子和一个首饰工作台。我尽量保持我的书桌干净，但是大多数时间，它都被蜡、纸、织物、我的电脑和茶杯等覆盖。我刚搬到工作室，墙上挂了两张明信片，一张是鸟类图案的印度纺织品，并且一张是传统花色品种的苹果图样。斜靠在墙上的是一块荧光玻璃纤维。在工作室的另一端有咖啡和咖啡壶，外面有一个铺着鹅卵石的院子和盆栽植物。

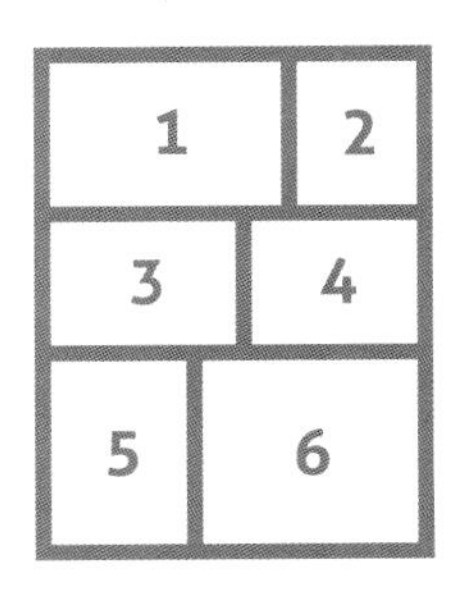

1 肖像
2 设计手稿
3 设计手稿
4 工作进程
5 设计手稿
6 **扁平的胸针**，镀金的银，纺织品，11厘米×8厘米×1厘米，2007，瑞士，在英国生活与工作

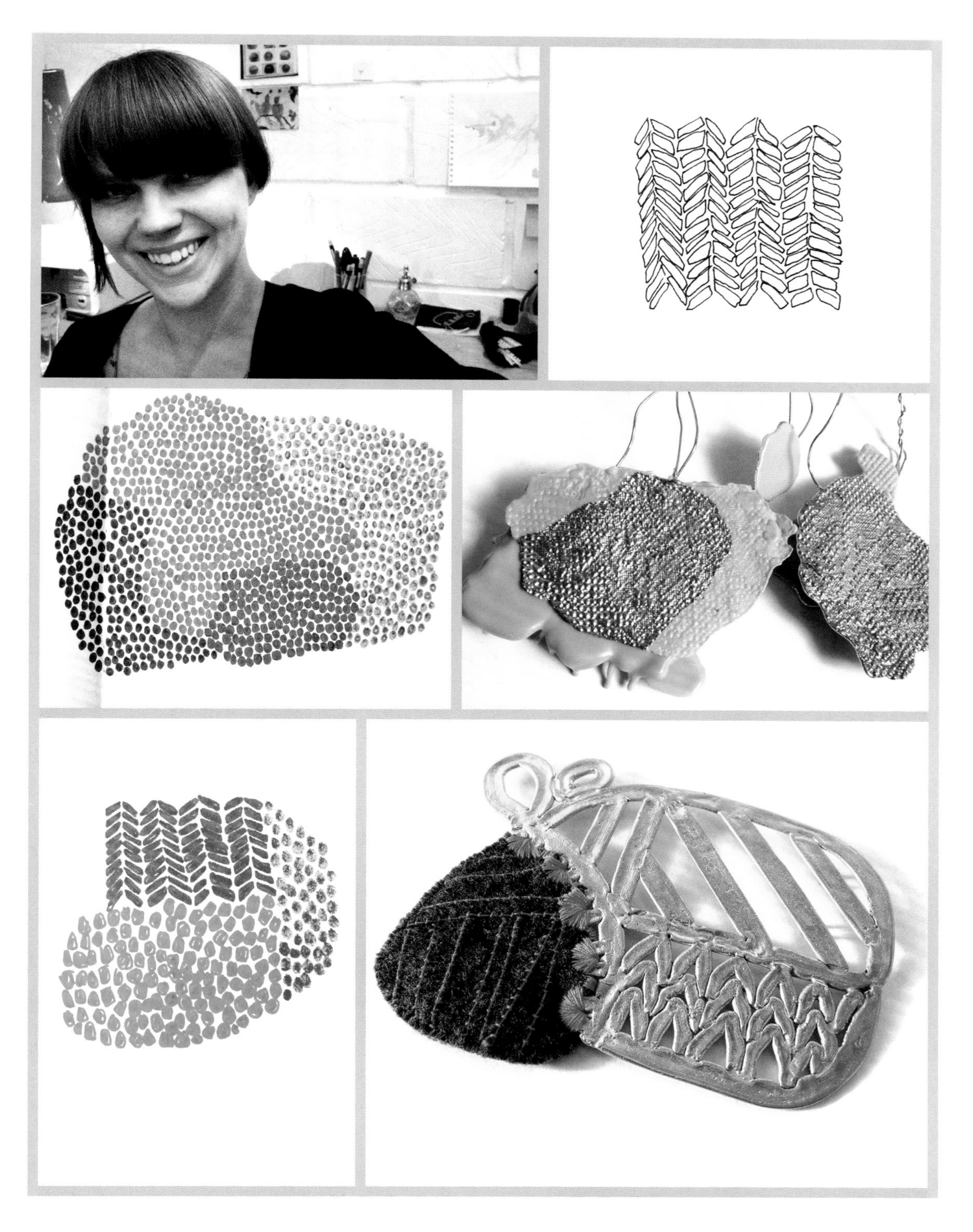

Maike Barteldres

你是在哪儿被培养成一名首饰设计师的？您的业余时间都在学习成为一名首饰设计师吗？

我在英国国立密德萨斯大学读的学士学位，那儿的导师像皮埃尔·德根 (Pierre Degan) 和卡罗琳·布罗德黑德 (Caroline Broadhead)，除了教金属工艺，也鼓励在首饰上使用其他材料。作为一门课堂教学与工作实践相结合的三明治课程，它包括在澳大利亚和德国与首饰设计师和石匠一起学习工作的一年。在那儿，我发现我喜欢宝石。我用宝石去回答解决每一次设计计划，我还学习了更多的材料，并且为我以后的职业建立了人脉。

当你开始制作作品时，你能想像到作品的最终样子吗？

当我使用砂铸技术的时候，结果是不可预测的。开模以前我尽量想象但是从不能准确地说出一件作品看上去像什么。我不想失去工作中的兴趣激情，我坚持尝试感受这种新的难以预测的景象所带来的惊叹。

作为一名制作者，你的工作中最令人感兴趣的部分是什么？

我喜欢一个人钻眼、雕刻、锉磨几个小时。我的意识完全停滞，偶尔奇迹也会发生在我身上，它让我的手能以正确的角度、压力或速度去实现这种偶然想法，并且有那么一刻，当一件作品被完成时，我惊讶于我真的做到了它。

作为一名制作者，你的工作中最不喜欢的部分是什么？

我是一名珠宝匠，因为我喜欢躲在我的工作台的中间。我讨厌必须出去外面销售作品，让付钱的人带走它。我有很多装满作品的盒子，我不想失去作品。

你总是用你现在的作品中所用的材料，还是用不同的方式达到目的呢？

我开始做首饰时主要用宝石，那时我在德国做一份宝石切割雕刻师的实习工作。无论何时只要有时间我就去学习雕刻字母和动物，或者去公墓帮助清洁和建造墓石。我收集下脚料并且把它们与金属一起做成首饰。我发现自然的石头像花岗岩和大理石，通常用作大型雕塑和建筑，但它们也能像贵重宝石一样有吸引力。回到学院我继续研究石头这一种材料。在德国长大的我很少接触海滩和鹅卵石，自然形状的石头吸引着我，它们很容易被利用并且是如此的吸引人，充满美感。尽管我喜欢雕刻其他类型的石头，我总是会回来使用简陋的鹅卵石。

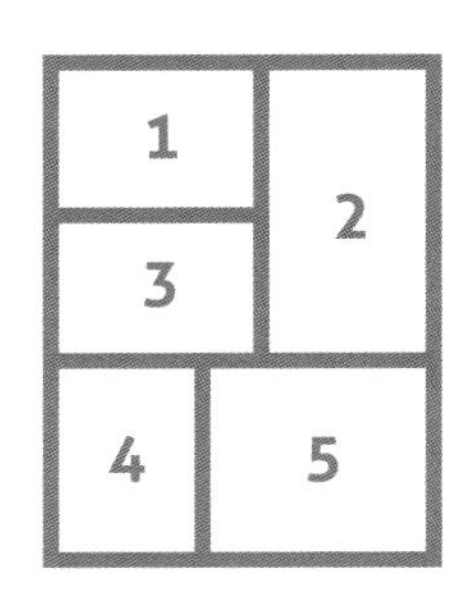

1 肖像
2 设计手稿
3 设计手稿
4 设计手稿
5 **石板岩鹅卵石项饰**，来自康沃尔的石板岩鹅卵石，925标准银，18厘米×18厘米×1厘米，2007，德国

Metall? Aufplatten
bzw Loch!
Schmuck?
Ring
FARBE?
- intensiver, dunkler, tiefer
- schwarz immer mischen / weiß
- Farbflächen subtil und transluscent
- ganz leicht feuchtes papier
mit Beton ergänzen
auf Papier
gießen
Struktur
box catch

Marcia Macdonald

你是怎么定义这个术语“综合材料首饰”的?

综合材料首饰不是使用一种媒介或材料，而是常常使用许多种材料来制作。从我个人的观点看，它必须做工很好，手艺精巧并关注细节，最成功的综合材料首饰是所选择的材料可以支撑概念，并且材料不仅为材料本身的利益而被使用。

你认为今天谁是最有趣的综合材料首饰工作者?

罗宾・卡蒂宾根 (Robin Kranitzky) 和金・奥弗斯特里特 (Kim Overstreet) 的作品是我所见过的最好的综合材料首饰，他们代表着最优秀的综合材料首饰艺术家。他们合作的作品吸引观者注意，他们对细节和完美的东西有如此令人惊讶的吸引力。他们用各种各样的材料制作的能力非常好，并且同时他们创作的错综复杂的叙事故事也是令人印象深刻的。

你是怎么自然地设计的? 你使用速写本和创意测试工件吗?

通常地，我的设计开始于一张草图或者一些能激发我灵感的现有物体，纸、生锈的钢、蛋壳、生锈的屏风、一块打碎的窗户玻璃等。我能够从一个物体中获得灵感并围绕它建立一些想法，或者我也能有一个想法并且尽量去发现一些能够最好的适合这个想法的材料，两者之间可以相互转换并结合。我很少做测试工件，我太没耐心了，我的草图非常详细，所以我感觉不需要模型或测试工件。

在你的作品中你是怎么使用色彩的?

我使用老旧的锡罐头盒上的彩色回收锡片，还会为它们重新涂色，也使用丙烯酸颜料和乳漆。我也用旧钢牌和像染色毛、皮革等各种颜色的现有物件作为材料。

看一个制作者工作的地方总是吸引人的? 你能描述一下你的工作室吗?

最近，我在一个古老的（北卡罗来纳州）的南部工厂建筑中工作，这个工厂已经成为工作室和工作空间。它有60扇窗户，是一个有着高高的天花板和木地板的照明良好的已经有很高的客流量的空间。它是有些风化且破旧的地方。它是一个很大的空间。我后来的工作室在俄勒冈州，一个带着高高的天花板和老旧的木梁的旧仓库。在老建筑物中工作正适合我。

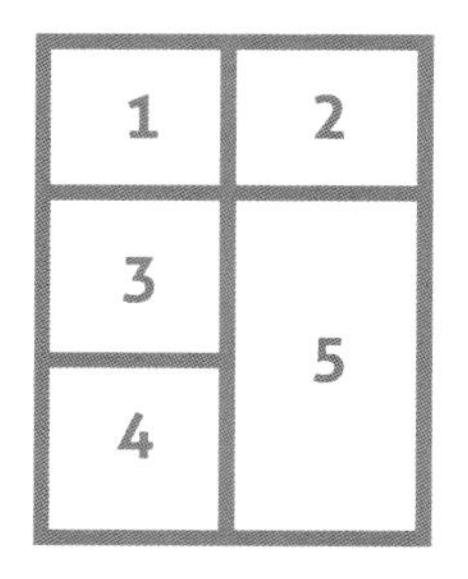

1 肖像
2 设计手稿
3 设计手稿
4 工作室空间
5 **不同的……但是平衡的——胸针，**雕刻的木头，925银，扫帚草，彩色果核，生锈的钢，13厘米×4厘米×1.5厘米，2005，美国

Hibberd / McGrath

Mari Ishikawa

你是在哪儿被培养成一名首饰设计师的？你的业余时间都在学习成为一名首饰设计师吗？

我首先在东京的海科美津浓学院学习，后来我搬到了慕尼黑并且在慕尼黑造型艺术学院 (Akademie der bildenden Künste) 的奥托・昆泽里 (Otto Künzli) 的课堂中学习。

你认为你工作的国家对你的作品有什么影响吗？

是的。尤其在慕尼黑，因为它有一个重要的首饰场景。另一方面，尽管我生活在德国，我的家乡日本的影响现在对我越来越强烈，因为我会思考更多关于它的传统和我来自那儿的记忆。

在作品中你是怎么使用色彩的？

在我的系列作品“EN”中，红色是主要色彩。它有一种强烈的象征意义，并且是关于我的童年和家乡的深刻记忆的一部分。EN系列主要由红色日本桑纸制成。我也用日本的红色漆，看到软硬的不同以及红纸的柔软、粗糙与漆的坚硬和反射面的不同，对我来说是有趣的。现在，除了银的各种各样的灰色调我几乎不用彩色，从明亮或柔和的反光到黑色的氧化表面。有时，我也用金，尤其为了设置一种色调。事实上，比起色彩来我更重视形状。

你是怎么自然地设计的？你使用速写本和测试工件吗？

有时，我做一个纸模型去得到一种关于形式和尺寸的印象，但是我不用速写本工作。主要的设计过程都在我的想象中。

当综合材料用在首饰中时，有无穷尽的可能性与出路，你为什么在作品中使用综合材料？

首先，我选择了一些黑白图片，我被出现在图片中的不同的多种绿色的灰色调子所迷醉，植物的形状也同时吸引着我。在我的首饰中我尽量去实现形状和灰色的调子。植物的形状用银来铸造。我想展示出来图片中不同的灰调和三种尺寸的完美的形状。

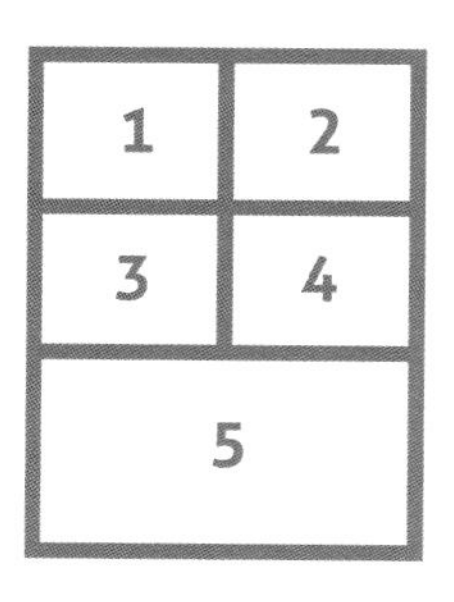

1 肖像
2 黑白照片
3 简样
4 简样
5 **在树的阴影中——戒指，**银，金，铸造植物，各种尺寸，2006，日本，在德国生活与工作

Paula Lindblom

你是在哪儿被培养成一名首饰设计师的？你的业余时间都在学习成为一名首饰设计师吗？

我是在一家艺术与银匠学校的晚间课程开始学习的，然后我接到通知去HDK的哥德堡大学学习珠宝课程，我学习珠宝与银匠专业八年。我喜欢学习用银来制作首饰的工艺过程。

当你开始制作作品时，你能想像到作品的最终样子吗？

我常开始于一个想法，但是更经常的是开始于一种材料，我用这种材料做实验，将其熔化、燃烧或者钻孔。从实验和我的设计想法中看看发生了什么。通常直到我开始在一个工件上操作时我才会有最后的想法。我有时画草图，我更多的用数码相机并且做许多测试工件。我常常收集在跳蚤市场发现的东西去制作首饰。

当综合材料用在首饰中时有无穷尽的可能性与出路，你为什么在作品中使用综合材料？

我喜欢再用材料的想法，所以总是使用综合材料。我喜欢把现有物体和材料放在其他环境中。我认为当我混合使用材料时，一些东西是新鲜的且有趣的。

你总是用你现在的作品中所用的材料，还是用多种方式达到目的呢？

许多情况下我都用回收材料操作。大约四年前我开始在这个机构工作。但是我总是每天都使用国内的材料作为我首饰的一部分，这是我思考首饰的相当大的一部分。我没有真正考虑其他人用什么或者其他人怎么工作，我很自然的感觉好奇并且喜欢去看当我实验时发生了什么。

看一个制作者工作的地方总是吸引人的？你能描述一下你的工作室吗？

我的工作室在我的公寓中：我在我的小厨房中工作。为什么？因为我不能靠首饰制作来谋生，租一个工作室。因此，我使用厨房的桌子，并且尽量去用一种适合我的工作室的方式去做东西。我喜欢用通用的方式使用空间。

1	2
3	5
4	

1 肖像
2 设计手稿
3 设计手稿
4 材料
5 **项饰**，现有物体，玻璃珠，60厘米长，2007，瑞士

MJOL
Hur ?
Vart ?
Varför?

Polly Wales

你是在哪儿被培养成一名首饰设计师的？你的业余时间都在学习成为一名首饰设计师吗？

我是在伦敦市政厅大学读的后两年的学士学位，然后又去皇家艺术学院读的硕士学位。我很满意于我的学士学位的读书经历，因为我发现了一种能够很好地交流的媒介。然而，我在英国皇家艺术学院度过的时间是独一无二的，因为它提供了许多机会、技能、信心、朋友圈，接触实验室的机会和真正调查研究我的实践的时间。我现在与其他的皇家艺术学院的毕业生共同分享我的工作室。

解释一下一件新作品的开始点？或许你开始于一个想法、照片、博物馆旅行、一种材料等？

我在我的工作中研究一个基本的主题，主要是关于记忆的调查。这种通过佩戴被感觉到的一个物体是多么的珍贵和感性与事实上这个物体看上去实际如何的区别吸引了我。我的工作的大部分是关于制作的首饰随着佩戴和时间而转变的调查研究。它可能是关于创造一些能被解释和介绍的脉络层次，就像考古学揭示过去和历史一样的层次。

当你开始制作作品时，你能想像到作品的最终样子吗？

几乎从不知道。我的作品依赖于实验和偶然；做一些必然的东西的想法从来都不会引起我的注意，这常常会导致失望，导致一些超出预期的结果，在我的实践中始终保持一种势头。甚至在当我制作商品的时候，比如水晶戒指，总是会有一种不可预知的结果。给掐丝耳环钻眼时，尽管它们可能有同样的骨架，事实上我发现每次必须用同样的方式工作是不可能的。

你设计想要制作的东西到什么程度？在大学我们肯定都被教过用一种特定的设计过程去完成一个最后的工件。你是按部就班地遵循学到的设计工艺，还是会发现一种不同的方法？

我认为时间的限制变成了最严格的设计工具，它迫使我在速写本上画了什么成为核心。想法和观点连续不断地被限制，直到时间和空间能被创造出来去生产实际作品，这种过滤过程可能会花费数月。

你是怎么自然地设计的？你使用速写本和测试工件吗？

由于我一般比较自然的工作，我更喜欢直接面对材料，我所做的速写工作只是为了边上的图示，解释一件作品的结构，并且留下材料去解释艺术。

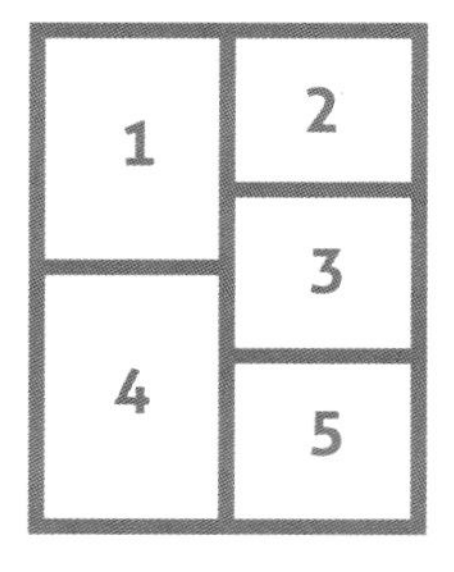

1 肖像
2 工作过程
3 测试工件
4 效果图
5 **巴腾堡胸饰**，粉红色托帕石，黄色立方氧化锆，黑色玛瑙，银，树脂，大约7厘米×4厘米×3厘米，2006，英国

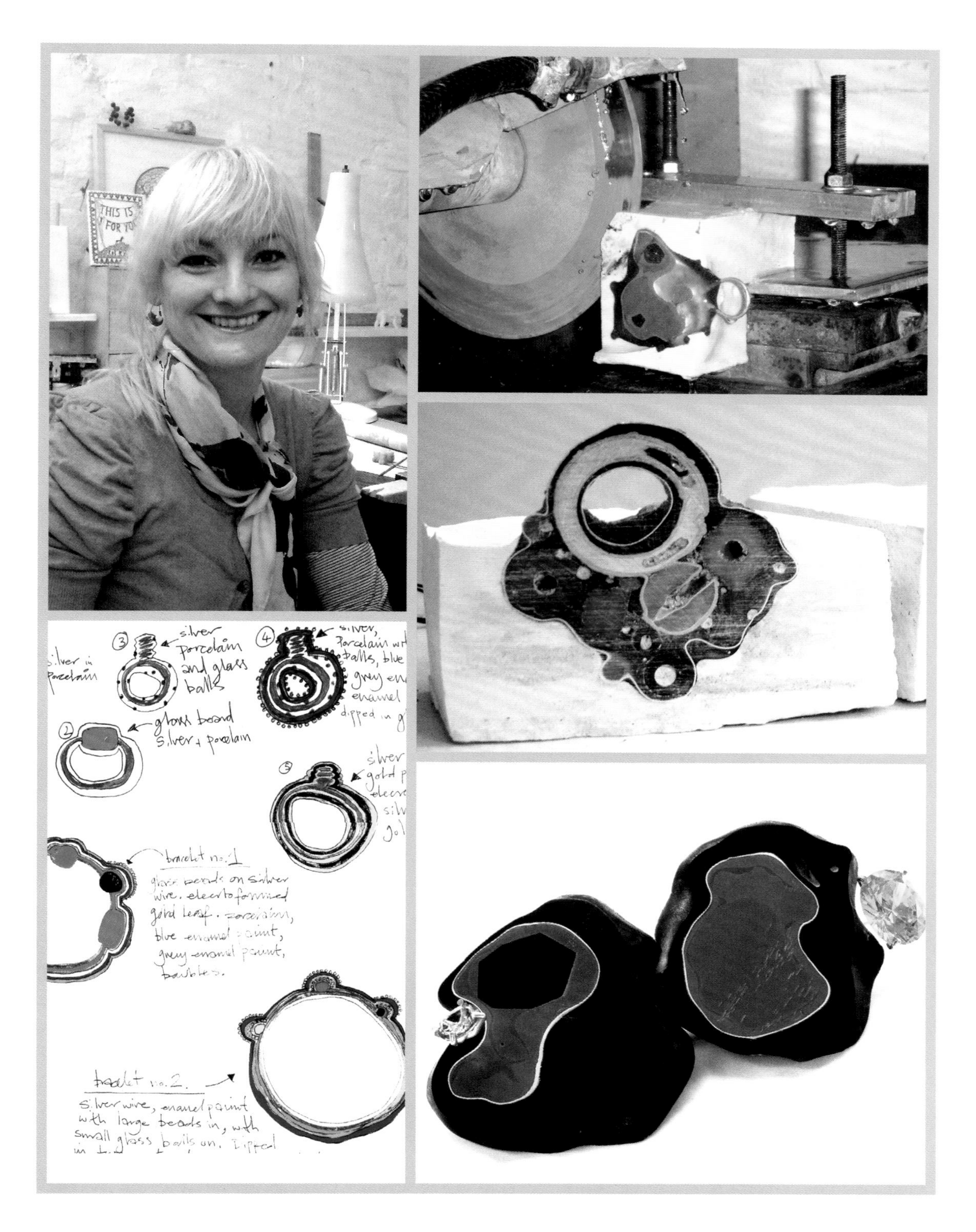
THIS IS
FOR YOU
silver in
porcelain
3
silver
porcelain
and glass
balls
4
silver,
porcelain wi
balls, blue
grey en
enamel
dipped in g
2
glass bead
silver + porcelain
5
silver
gold p
electro
silv
gol
bracelet no. 1
glass beads on silver
wire. electroformed
gold leaf. porcelain,
blue enamel paint,
grey enamel paint,
baubles.
bracelet no. 2.
silver wire, enamel paint
with large beads in, with
small glass balls on. Dipped

Ramon Puig Cuyàs

当你开始制作作品时，你能想像到作品的最终样子吗?

我开始制作新作品时往往没有目标和计划。我画图或者策划、研究作品的可能性，我有想象中的不确定的图像。有一些东西是提前有感觉的。当我开始构思时，我喜欢即兴创作，在我的手和材料之间对话，当下决定时，我想用新的工件打乱最初的想法去帮助我自己辨别，我想要在作品中看到一些新的难以预测的东西。

你设计想要制作的东西到什么程度? 在大学我们肯定都被教过用一种特定的设计过程去完成一个最后的工件。你是按部就班地遵循学到的设计工艺，还是会发现一种不同的方法?

我用速写和草图去研究作品的新方法和多样性，我更喜欢从模型到最后完成的工件之间的不可预测性。正常情况下，我开始制作一件工件直至完成，但是有时我在同一时间做不同的工件作品。首饰是一种三维的表达，对我而言，接近这种语言的最好的方法是直接用材料去操作。

当你正在学习设计与制作首饰时，有哪些制作者影响了你的发展呢?

1969~1970年，我在马萨纳的艺术与设计学校学习，并且这段时间我的导师是曼努埃尔·卡普德维拉 (Manuel Capdevila)。他在作品中用银和贝壳。来自德国的赫尔曼·荣格尔 (Hermann Jünger)，弗里德里希·贝克尔 (Friederich Beker)，安尔·凯普卡 (Anton Cepka)，布鲁诺·马丁纳兹 (Bruno Martinatzi) 和许多其他的同行这段时间都在这工作。

在作品中你是怎么使用色彩的?

许多年来颜色都是我的作品中的最根本的部分。我想去做一些令人愉快的首饰，我需要使用色彩。在地中海国家，光与色彩存在于日常生活的许多文化方面。我感觉我的作品更像绘画和雕塑的语言。色彩给我强调和表达想法的可能性。我可以使用像塑料这样的彩色材料，或者珐琅、或者用丙烯绘画。

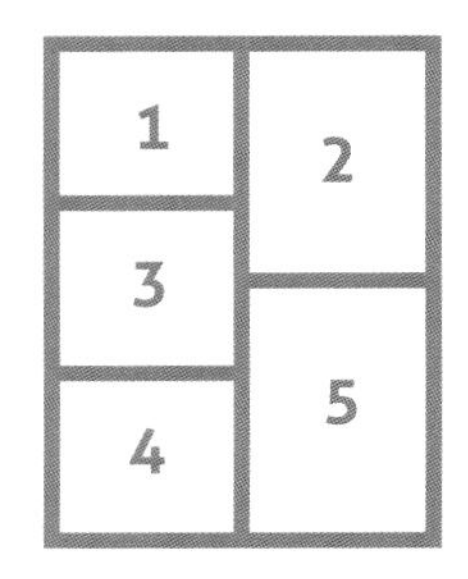

1 肖像
2 材料
3 效果图
4 工作过程
5 **胸饰**，银，塑料，珐琅，镍银，丙烯画，5.5厘米×5.5厘米×1厘米，2007，西班牙

看一个制作者工作的地方总是吸引人的? 你能描述一下你的工作室 吗?

我在一个公寓的小房间里与我的妻子西尔维亚·瓦尔兹 (Silvia Walz) 一起工作，在这儿能看到地中海的壮观风景。通过港湾我们能看到一天中变化的光线，即将初升的太阳和火红的落日。它不仅仅是一个工作的地方，还是一个生活的地方。我总是在这些有组织的混乱的电子物品中间工作。

Suzanne Smith

你是在哪儿被培养成一名首饰设计师的？你的业余时间都在学习成为一名首饰设计师吗？

我在格拉斯哥艺术学校学习首饰和银器专业，毕业于2006年。这段花费在课程上的时间是值得的且有挑战性。我在时间管理、技术展示、计算机辅助设计等技术方面学会了许多。在艺术学校的这段时间对我个人发展来说是一段非常重要的时期，并且它提供给我与一些有灵感的人们在一个富有创造性的环境中实验的机会。

你设计想要制作的东西到什么程度？在大学我们肯定都被教过用一种特定的设计过程去完成一个最后的工件。你是按部就班地遵循学到的设计工艺，还是会发现一种不同的方法？

从我作为学生时所遵循的工艺过程来说现在并没有真正的改变，我喜欢通过速写和照片去调查验证最初的想法，然后通过速写本和测试工件进一步修改和实验。偶尔我可能回到最初的想法，丢弃掉早期的那些过程，并且我认为每一个有创造力的人都会发现找到他们自己实现作品的路，所以，一种方法对一个人有效，可能对另一个人是无效的。

你是怎么自然地设计的？你使用速写本和测试工件吗？

我非常喜欢在速写本上面进行持续创作，我常常喜欢重新使用、修改并且更新。我喜欢做一些材料拼贴并且记录在页面上，这个媒介让我自由创作。在记录了材料来源之后，我开始进一步实现想法，使用样本和测试工件去研究，在得出最好的解决办法之前这些测试工件是非常重要的，并且它会使那些早期的问题更加突出。

作为一个制作者，你的工作中最令人感兴趣的部分是什么？

我最享受的是制作中有创造性的一面，新想法的诞生并且最终将其实现，创作出三维作品。当看到过去的一个想法变成现实是令人兴奋的。我常常发现当我最期待它时，想法无处不在，并且保持住这种想法尽量将其变成首饰作品是一种挑战。制作时，这种从最初的研究通过发展到最后的工件的设计过程是最使我享受开心的事情。

作为一个制作者，你的工作中最不喜欢的部分是什么？

为了管理任务，文书工作是最让人不喜欢的工作之一。然而，在职业的另一面中保持良好的状态是必要的。我工作越有条理，就有越多的时间用于创作和制作。

1 肖像
2 设计手稿
3 设计手稿
4 样本
5 **紫霜针**，氧化的白色金属，手制毛毡，复古色蕾丝，皮革，紫水晶，2厘米×（2~3.5）厘米，2006，苏格兰

Tabea Reulecke

你设计想要制作的东西到什么程度？在大学我们肯定都被教过用一种特定的设计过程去完成一个最后的工件。你是按部就班地遵循学到的设计工艺，还是会发现一种不同的方法？

我总是尽量按照我自己的方法。当然研究刚开始的时候，你不会总是成功地做好某件事情，你需要榜样。贝亚特·克洛克曼 (Beate Klockmann) 对我来说就是一个榜样，她指导我的整个学习过程。我有一个习惯是想要同时实现一百种想法。这是我的工作方式，但是它可能会产生致命的结果。贝亚特教我去将精力集中在那些重要的事情上，并做决定。我问我自己“我是谁？”西奥·斯密特 (Theo Smeets) 教授给我一个自由发展的空间，不阻碍我的工作。轻轻地鼓励推动我向前。

当综合材料用在首饰中时，有无穷尽的可能性与出路，你为什么在作品中使用综合材料？

我总是在作品中用自然材料，较少使用像塑料那样的人工材料。我用它们创造我自己的世界。有些材料成为其他语言的同义词，以便如果你知道必要的词汇的话就能有一个仅仅你能读解的故事。

你是怎么自然地设计的？你使用速写本和测试工件吗？

我从不做模型。凭我的经验我知道模型总是会比第二个作品好。我在工作室中一次性的完成作品，许多材料只用一次或者很少的数量，自然材料尤其稀缺。因此，如果我确定一种想法，我就会将全部的精力一次性投入其中，第二次尝试可能只有一半的精力或者一点精力也没有了，重复做某一件事情可能是令人厌倦反感的。速写本很漂亮，我开始设计时会使用它。但是如果想法被写下来并且画成草图的话，我就已经完成创作并且很少会再用3D去修改它。

你如何定义“综合材料首饰”这个术语呢？

就像烹饪一样。如果你有不同的原料，就有更多的可能性去准备菜肴，并且兴趣更长久且更加令人兴奋。

看一个制作者工作的地方总是吸引人的？你能描述一下你的工作室吗？

目前我有两个工作室。一个在应用科学大学，另一个在家里。我家里的工作室是我得到灵感的地方，我听一些侦探小说或者好的音乐。我的材料存放在不同的盒子和抽屉里，有两只兔子陪伴我。我在大学里的工作室中有大的机器和工具，当我已经准确地知道我要做什么时，我在那儿做日常工作。

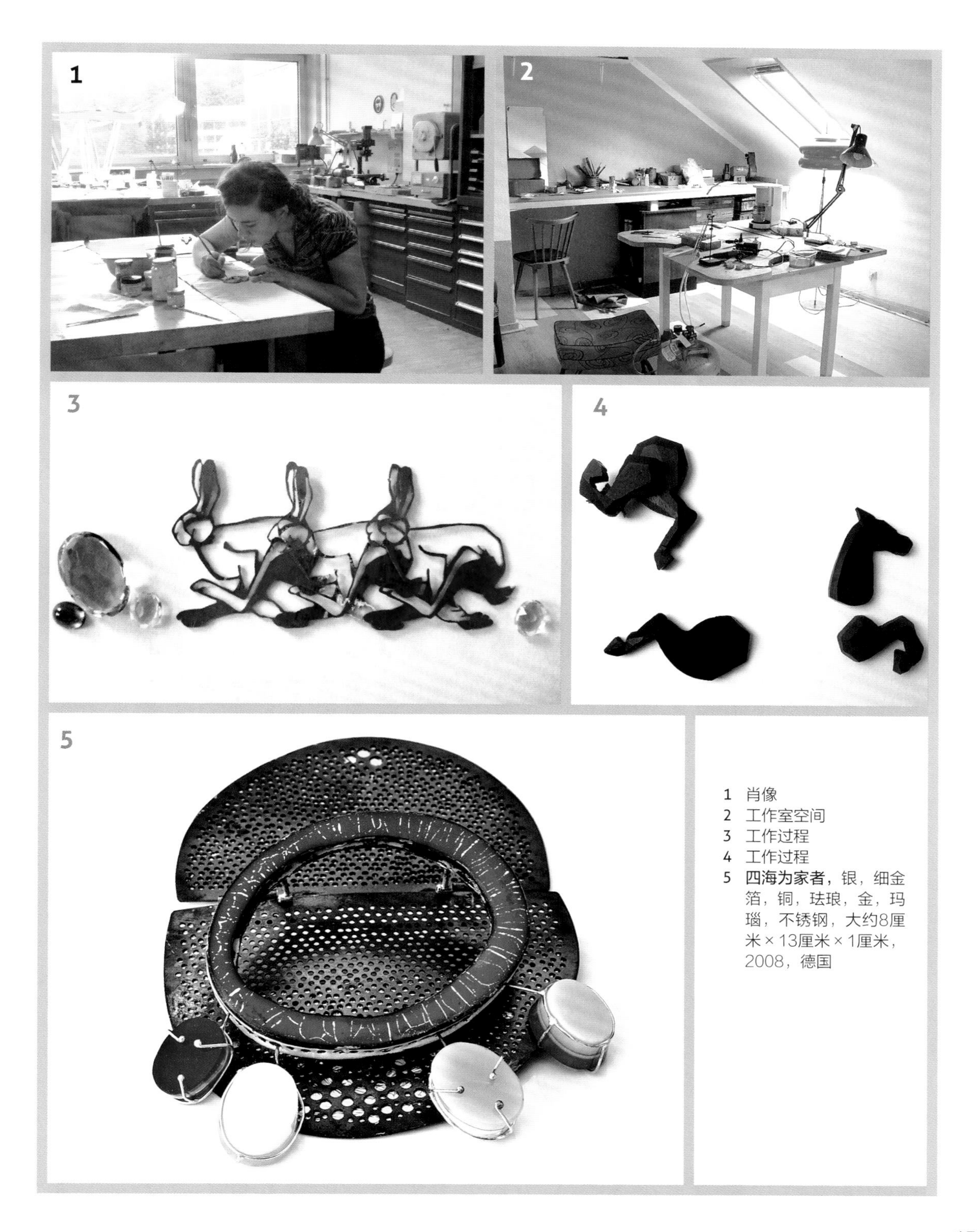

1 肖像
2 工作室空间
3 工作过程
4 工作过程
5 **四海为家者**，银，细金箔，铜，珐琅，金，玛瑙，不锈钢，大约8厘米×13厘米×1厘米，2008，德国

艺术画廊
(The gallery)

1	2	5	8	
	3	6		
	4	7	9	10

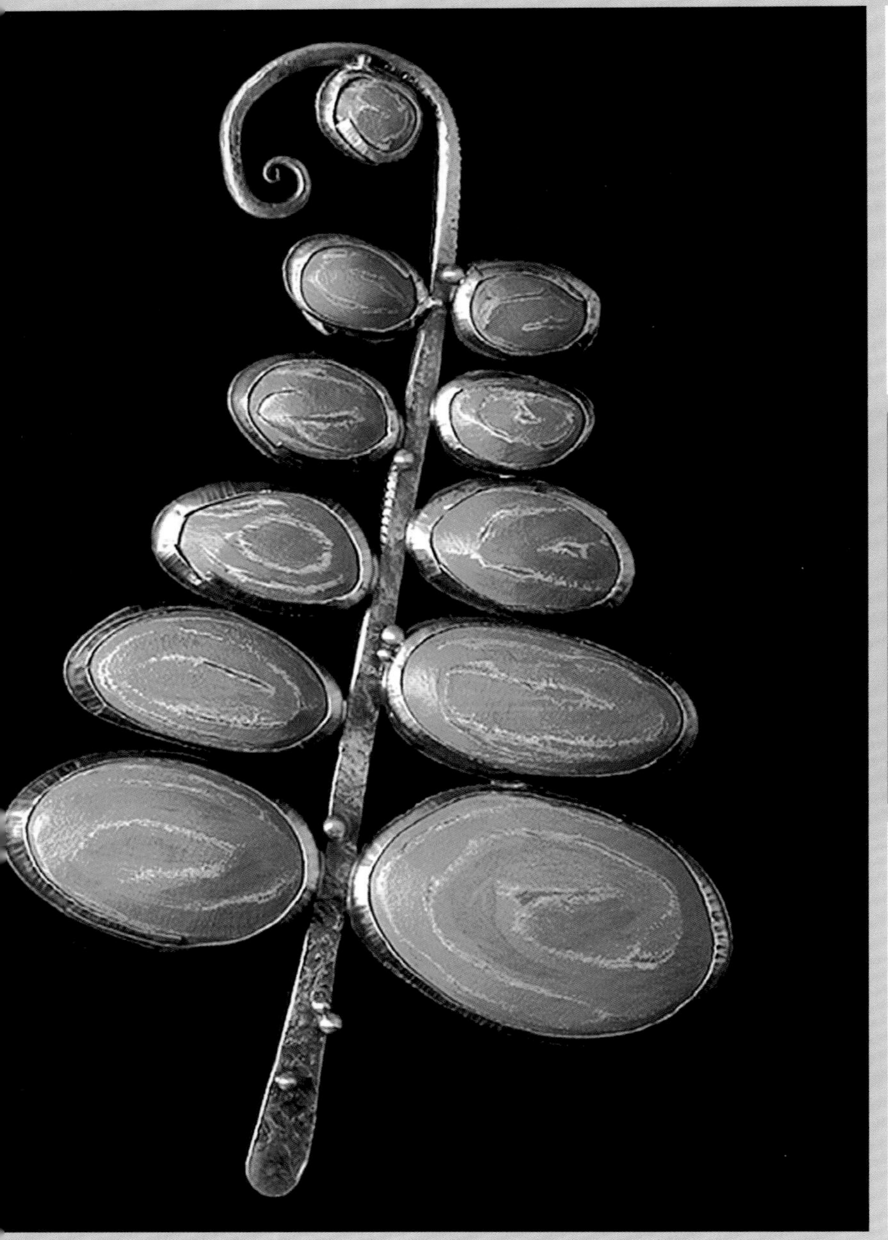

1 **橙色的藤类植物胸饰，**Marcia Macdonald，雕刻的木头，925标准银，回收锡罐，12.5厘米×6.5厘米×1厘米，2005
2 **胸饰，**Alessia Semeraro，铁，24K黄金，5厘米×5厘米，2006
3 **扁平的胸针，**Lina Peterson，镀金的紫铜，钢，银，丝线，塑料，10厘米×7厘米×1厘米，2006
4 **胸饰，**Mari Ishikawa，银和植物，6厘米×4.5厘米×5厘米，2006
5 **生活的两面性——胸饰，**Tabea Reulecke，红珊瑚，木头，珐琅，铜，油彩，石榴石，10厘米×12.5厘米×0.5厘米，2006
6 **如愿骨胸饰，**Jo Pudelko，银，树脂，丙烯酸树脂，覆盖的塑料网，纸，7厘米×5.5厘米，2007
7 **长花戒，**Suzanne Smith，氧化的白金，手工制造的毡制品，乡村染色蕾丝，蕾丝花，虎睛石，3.5厘米×3厘米×1厘米，2007
8 **项饰，**Jo Pond，牛皮纸，银，丝线，纸，120厘米长，2007
9 **胸饰，**Ela Bauer，铜织物，棉线，粉红色珊瑚，硅胶，5厘米×4厘米×7厘米，2008
10 **头发项饰，**Francis Willemstijn，人类头发，银，玻璃，钢铁，40厘米，2006

图片来源 Photo credits

Spanish Bride, p2 & p10 Photo: Mecky van den Brink; Sumerian court jewellery, p7 © The Trustees of the British Museum; Gold necklace set with the heads of hummingbirds, p8 © The Trustees of the British Museum; Dragonesque brooch, p9, © The Trustees of the British Museum; Winter Series Brooch, p11 Photo: Francis Willemstijn; Book cover brooch p11 Photo: Jo Pond; Green Mushrooms brooch, frontispiece, p11 Photo: Terhi Tolvanen; Resin and Thread Necklace, p11 Photo: Kathie Murphy; Grapes necklace, p21 Photo: Yael Krakowski; Propeller brooch, p21 Photo: Lindsey Mann; Necklace – growth series, p21 Photo: Natalya Pinchuk; Compass, p21 Photo: Ami Avellán; Staphorst brooch, p21 Photo: Francis Willemstijn; Maze brooch, p21 Photo: Roger Schreiber; Slate pebble brooch, p21 Photo: Maike Barteldres; Collage, Joanne Haywood, p34 Photo: Alan Parkinson; Painting, Joanne Haywood, p35 Photo: Alan Parkinson; Organic Forms, Paula Lindblom, p35 Photo: Paula Lindblom; Charcoal and Paint Design, p36 Photo: Alan Parkinson; Mixed Media Designing, p37 Photo: Jo Pudelko; Drawing and Paint Design, p37 Photo: Ramon Puig Cuyàs; Final Design, p37 Photo: Dionea Rocha Watt; Pencil on Paper Design, p37 Photo: Jo Pond; Ribbon and Metal Experiments, p38 Photo: Alan Parkinson; Metal Leaf and Silver Experiments, p38 Photo: Alan Parkinson; Drawing, p39 Photo: Alan Parkinson; Observational Drawing, p40 (two images) Photo: Alan Parkinson; Visual Research, Suzanne Smith p41 Photo: Suzanne Smith; Historical Research, p41 Photo: Dionea Rocha Watt; Visual Research, Alessia Semeraro p41 Photo: Alessia Semeraro; Visual Research, Mari Ishikawa p41 Photo: Mari Ishikawa; Test Pieces in Polystyrene, p43 Photo: Leonor Hipólito; Material Development, p43 Photo: Jo Pond; Test Pieces in Fabric and Threads p43 Photo: Alan Parkinson; Paper Burning Experiment, p43 Photo: Alan Parkinson; Fabric Test Pieces, p43 Photo: Suzanne Smith; Works in Progress, Francis Willemstijn p44 Photo: Francis Willemstijn; Works in Progress, Ela Bauer, p44 Photo: Ela Bauer; Works in Progress, Jo Pond, p45 Photo: Jo Pond; Pectoral, p50 Photo: Marco Minelli; My Garden – Necklace, p50 Photo: Silvia Walz; Tulips – Necklace, p50 Photo: Ineke Otte; The Gloves Dream – Necklace, p50 Photo: Rama; Dualism – Ring, p51 Photo: mi-mi Moscow; Ruffle Bracelets, p51 Photo: Christine Dhein; Dipped Pin, p51 Photo: Lina Peterson; Necklace, p51 Photo: Ela Bauer; Crown Jewels, p56 Photo: Mats Häkanson; Duotone 2 – Brooch (Back), p56 Photo: Stefan Heuser; Halo for St. Ray Gaurino, p56 Photo: Hap Sakwa; Neckpiece, p56 Photo: Paula Lindblom; Necklace, p57 Photo: Ela Bauer; Torus – Neckpiece, p57 Photo: Joanne Haywood; Jade Banditos – Earrings, p57 Photo: Polly Wales; Necklace, p57 Photo: Karin Seufert; Bone Necklace with Ribbon, p64 Photo: Frank Thurston; Maui Birthdays – Bracelet, p64 Photo: Lynda Watson; Meercat Don Q, p64 Photo: Eddo Hartmann; Polka Dotted Chicken Brooch, p65 Photo: Hap Sakwa; Book Box – Pendant, p65 Photo: Roger Schreiber; Orange Alert, p65 Photo: R.R. Jones; Two Sides of Life – Brooch, p65 Photo: Tabea Reulecke; Commuter Train Bracelet, p65 Photo: Kristin Lora; Union 26 Years – Neckpiece, Nesting Case, p70 Photo: Evan J. Soldinger; Ring, p70 Photo: Federico Del Fabro; Book – Ring, p70 Photo: Fabrizio Tridenti; Untitled 6 Brooch, p71 Photo: Hu Jun; Guilded Rosewood Bowl Ring and Double Dish Earrings, p71 Photo: Kate Brightman; No 979 – Brooch, p71 Photo: Ramon Puig Cuyàs; Martha – Brooch, p71 Photo: Rachelle Varney; Sat Alone – Brooch, p71 Photo: Jo Pond; Dempire – Brooches, p76 Photo: Julian Kirschle – The Marzee Collection Silver and Elastic Bracelet, p76 Photo: Shannon Toffs; Bronzino – pearl Neclace, p76 Photo: Carla Nuis; Travelling Rings, p76 Photo: Pieter Huybrechts - The Marzee Collection; Smiley - Brooch, p77 Photo: Alexander Blank; Jeweler's Dozen: Andy Warhol – Brooch, p77 Photo: Ingrid Psuty; Distress, p77 Photo: Robin Kranitzky and Kim Overstreet; Garden Brooch, p77 Photo: Richard Matzinger; Sphere Ring, p82 Photo: Ai Morita; Three Cake Rings, p82 Photo: Suzanne Smith; Spring Green Flowerpot Ring, p82 Photo: Suzanne Potter; Unicated – Ring Series, p82 Photo: Kirsten Bak; Music Box Rings, p82 Photo: Anastasia Young; Ring, p83 Photo: Kathleen Taplick and Peter Krause (Body Politics); Balance – Ring, p83 Photo: Kwangchoon Park
Dark Blue Felted Ball Ring, p83 Phot: Chris McCaw; Large Pottery Pendant, p88 Photo: Rosie Bill; Jade City – Brooch, p88 Photo: Andrea Wagner; Binae Insula – Brooch, p88 Photo: Ramon Puig Cuyàs; In the Forest – Ring, p88 Photo: Dominic Tschudin; Stucco – Necklace, p89 Photo: Evert Nijland; Doll Head – Ring, p89 Photo: Steffi Kalina; Stethoscope, p89 Photo: Ami Avellán; Pipe Flower Neckpiece, p89 Photo: Alan Parkinson; Necklace, p94 Photo: Shannon Toffs; Spinning Propeller Pendants, p94 Photo: Helen Gell; Imprint – Suede Rosettes, p94 Photo: Jesse Seaward; Continium – Brooch, p94 Photo: Francis Willemstijn – Courtesy of Galerie Rob Koudijs; White Tea Bangle, p95 Photo: Claire Lowe; Entropus Atropos – Brooch, p95 Photo: Mark Rooker; Flora – Neckpiece, p95 Photo: Roger Schreiber; Vertical Ring Ball, p95 Photo: Marco Minelli; Kinetic Ring, p100 Photo: Mike Blissett; Ring, p100 Photo: Ermelinda Magro; Black and Red Coral Necklace, p100 Photo: Sarah Keay; Brooch: 334, p100 Photo: Fabrizio Tridenti; Growth Series – Brooch, p101 Photo: Natalya Pinchuk - Courtesy of Rob Koudijs Galerie; Bangle, p101 Photo: Gill Forsbrook; Polypropylene Bangles, p101 Photo: Rachel Mcknight; Lime Green Scatter Brooch, p101 Photo: Jo Pudelko; Collar, p106 Photo: Machteld Van Joolingen; Marine Fish Long Hook Rivet Earrings, p106 Photo: Sussie Ahlburg; Leaf Fairytale Earrings, p106 Photo: Shannon Tofts; Pendant, p106 Photo: Thierry Zufferey; Loin Du Train Train Quotidien, p107 Photo: Juliette

Megginson; Identity Tags, p107 Photo: Mats Häkanson; Converge – Necklace, p107 Photo: Adele Kime; Pure Gold – Brooch, p107 Photo: Sebastian Buescher - Courtesy of GALERIE ROB KOUDIJS; Retrospection – Neckpiece, p112 Photo: Keith Lo Bue Neckpiece, p112 Photo: Julian Kirschler; Rosario di Carbone – Necklace, p112 Photo: Alessia Semeraro; ERIKA 05 – Necklace, p112 Photo: Stefanie Klemp; Double Cross – Brooch, p113 Photo: Francis Willemstijn; In the Shade of the Tree – Brooch, p113 Photo: Frank Vetter; Oval Bonsai – Brooch, p113 Photo: Terhi Tolvanen; Duality – Brooch, p113 Photo: Robin Kranitzky and Kim Overstreet; All images p121 Photo: Alessia Semeraro; All images p125 Photo: Ela Bauer; All images p127 Photo: Francis Willemstijn; All images p128 Photo: Jo Pond; All images p135 Photo: Lina Peterson; All images p139 Photo: Marcia Macdonald , except for Portrait, Photo: Michelle Jarrett and Different…But Equal – Brooch, Photo: Hap Sakwa; All images p141 Photo: Frank Vetter, except for Black and White Photograph, Photo: Mari Ishikawa; All images p149 Photo: Suzanne Smith; All images p151 Photo: Tabea Reulecke; All images p147 Phot: Ramon Puig Cuyàs, except for Portrait, Photo: Silvia Walz; All images p145 Photo: Polly Wales, except for Portrait, Photo: Lina Peterson; All images p143 Photo: Paula Lindblom; All images p137 Photo: Maike Barteldres, except for Slate Pebble Necklace, Photo: Jason Ingram; All images p133 Photo: Leonor Hipólito, except for Portrait, Photo: Arne Kaiser; All images p131 Photo: Jo Pudelko, except for Portrait, Photo: Sarah Kate McAdam; All images p123 Photo: Dionea Rocha Watt; Orange Fern Brooch, p152 Photo: Richard Matzinger; Brooch, Alessia Semeraro p152 Photo: Alessia Semeraro; Flattened Brooch, p152 Photo: Lina Peterson; Brooch, Mari Ishikawa, p152 Photo: Frank Vetter; Two Sides of Life – Brooch, p153, Photo: Tabea Reulecke; Caption to come; Long Flower Ring, p153 Photo: Suzanne Smith; Necklace, p153 Photo: Jo Pond; Brooch, p153 Photo: Ela Bauer; Hair Necklace, p153 Photo: Francis Willemstijn.

英国供应商 UK suppliers

Cooksons
Metal and General Jewellery Supplies
Cookson Precious Metals
59-83 Vittoria Street
Birmingham, B1 3NZ
Tel: +44 (0)845 100 1122 / +44 (0)121 200 2120
www.cooksongold.com

L. Cornelissen & Son
Gold Leaf, Gilding and Artist Equipment
105 Great Russell Street
London, WC1B 3RY
Tel: +44 (0)20 7636 1045
www.cornelissen.com

Fibre Crafts
Felt and Textiles Materials and Equipment
Old Portsmouth Road,
Peasmarsh, Guildford,
Surrey, GU3 1LZ
Tel: +44 (0)1483 565800
www.fibrecrafts.com

The Handweavers Studio
Felt and Textiles
29 Haroldstone Road
London, E17 7AN
Tel: +44 (0)20 8521 2281
www.geocities.com/Athens/Agora/9814/

HobbyCraft
Beads, Balloons, Embroidery Silks and Craft Items
The Arts and Crafts Superstore
Stores nationwide
Tel: +44 (0)800 027 2387
www.hobbycraft.co.uk

GF Smith
Polypropolene
Unit C4
Six Bridges Trading Estate
Marlborough Grove
London, SE1 5JT
Tel: +44 (0)1482 323 503
www.gfsmith.com

Rashbel
Metal and General Jewellery Supplies
24–28 Hatton Wall
London, EC1N 8JH
Tel: +44 (0)20 7831 5646
www.rashbel.com

Walsh & Sons
Metal and General Jewellery Supplies
Hatton Garden Showrooms
44 Hatton Garden
London, EC1N 8ER
Tel: +44 (0)20 7242 3711
www.hswalsh.com

去哪里学习首饰设计
Where to study jewellery design

Below is a selection of courses and colleges in the UK. To find out more about the courses, visit the websites listed. To find even more institutions to study jewellery, the UCAS website (http://www.ucas.ac.uk/) lists all the UK, H.E. Jewellery, Design and Craft courses available. Equally, local adult education centres can offer very good training that should not be overlooked.

Buckinghamshire New University
Faculty of Creativity & Culture, High Wycombe Campus, Queen Alexandra Road, High Wycombe, Buckinghamshire, HP11 2JZ
Tel: +44 (0)800 0565 660
www.bucks.ac.uk
BA (Hons) Jewellery
BA (Hons) Silversmithing Metalwork and Jewellery

Central Saint Martins College of Art and Design
Southampton Row, London, WC1B 4AP
Tel: +44 (0)20 7514 7000
www.csm.arts.ac.uk
BA (Hons) Jewellery Design
MA Design, Ceramics, Furniture or Jewellery

Edinburgh College of Art
Lauriston Place, Edinburgh, EH3 9DF
Tel: +44 (0)131 221 6000
www.eca.ac.uk
BA (Hons) Design & Applied Arts

The Glasgow School of Art
167 Renfrew Street , Glasgow, G3 6RQ
Tel: +44 (0)141 353 4500
www.gsa.ac.uk
BA (Hons) Design, Silversmithing & Jewellery

London Metropolitan University
59-63 Whitechapel High Street, London E1 7PF
Tel: +44 (0) 20 7423 0000
www.londonmet.ac.uk
BA (Hons) Jewellery
Foundation and Silversmithing courses also available

Middlesex University
Cat Hill, Barnet, Herts, EN4 8HT
Tel: +44 (0)20 8411 5000 / 5010
www.mdx.ac.uk
BA (Hons) Jewellery
BNA (Hons) Fashion Jewellery and Accessories

Royal College of Art
Kensington Gore, London, SW7 2EU
Tel: +44 (0)20 7590 4444
www.rca.ac.uk
MA Goldsmithing, Silversmithing, Metalwork and Jewellery

Sheffield Hallam University
City Campus, Howard Street, Sheffield, S1 1WB
Tel : +44 (0)114 225 5555
www.shu.ac.uk
BA (Hons) Metalwork and Jewellery
MDes Metalwork and Jewellery

University College for the Creative Arts at Rochester
Fort Pitt, Rochester, Kent, ME1 1DZ
Tel: +44 (0)1634 888 702
www.ucreative.ac.uk/rochester
BA (Hons) Silversmithing, Goldsmithing & Jewellery
BA (Hons) Contemporary Jewellery

拓展阅读 Further reading

CONTEMPORARY & STUDIO JEWELLERY BOOKS

New Directions in Jewellery
Jivan Astfalck and Paul Derrez
Black Dog Publishing, 2005

New Directions in Jewellery Volume 2
Beccy Clarke and Indigo Clarke
Black Dog Publishing, 2006

The New Jewellery Trends and Traditions
Peter Dormer and Ralph Turner
Thames & Hudson, 1994

Jewelry of Our Time: Art,
Ornament and Obsession
Helen W.Drutt English and Peter Dormer
Thames & Hudson, 1995

Unclasped: Contemporary British Jewellery
Derren Gilhooley, Simon Costin, and Gavin Fernandez
Black Dog Publishing, 2001

500 Brooches
Marthe Le Van
Lark, 2005
(There are several in this series including earrings, bracelets and rings.)

Jewellery in Europe and America, New Times New Thinking
Ralph Turner
Thames & Hudson, 1996

Jewellery Design Sourcebook
David Watkins
New Holland Publishers Ltd, New edition, 2002

DESIGN & TECHNIQUES JEWELLERY BOOKS

Textile Techniques in Metal for Jewellers, Textile Artists and Sculptors
Arlene M. Fisch
Hale, 1997

The Encyclopedia of Jewelry-making Techniques
Jinks McGrath
Running Press Book Publishers, 1995

The Jeweller's Directory of Decorative Finishes: From Enamelling and Engraving to Inlay and Granulation
Jinks McGrath
A & C Black Publishers, 2005

Resin Jewellery
Kathie Murphy
A&C Black Publishers, 2002

The Art of Jewellery Design from Idea to Reality
Elizabeth Olver
A&C Black Publishers, 2001

The Jeweller's Directory of Shape and Form
Elizabeth Olver
A&C Black Publishers, 2001

Wire Jewellery
Hans Stofer
A&C Black Publishers, 2005

Jewelry Concepts and Technology
Oppi Untracht
Robert Hale Ltd, 1985

HISTORICAL JEWELLERY BOOKS

Earrings: From Antiquity to the Present
Daniela Mascetti and Amanda Triossi
Thames & Hudson, 1999

An Illustrated Dictionary of Jewellery
Harold Newman
Thames & Hudson, New edition, 1987

Jewelry From Antiquity To The Present
Claire Phillips
Thames & Hudson, 1996

Seven Thousand Years Of Jewellery
Edited by Hugh Tait
British Museum, 1986

PERIODICALS

Crafts Magazine
Crafts Council

Findings
Association for Contemporary Jewellery (ACJ)

Metalsmith
Society of North American Goldsmiths (SNAG)

术语表 Glossary

Annealing	Heating metal to make it easier to work with.
Base metal	A non-precious metal, e.g. copper, aluminium, brass, etc.
Binding wire	Wire that is used to hold metal together when soldering. It is made from iron.
Borax	Flux used for soldering. It comes in the form of a cone, used in conjunction with a ceramic dish and water.
Burnisher	A hand held tool for polishing metal surfaces.
Cabochon	A stone that is formed with a domed cut.
CAD	Computer Aided Design.
Calico	Cotton fabric.
Centre punch	A tool for marking a point to be used to help guide the drill. To be used in conjunction with a hammer.
Cover buttons	Buttons made from two components, so that you can cover them with your own fabric.
Creative buttons	A button with a series of piercings to stitch into. Usually with coloured cottons.
Crochet	A textile technique, similar to knitting, using a single hook.
Dressmaking chalk	Chalk for making marks on cloth that can be easily removed from the surface.
Emery paper	Used for cleaning surfaces. This is available in different grades of abrasiveness.
End cutters	Cutting pliers for use with various wires.
Epoxy resin	A thermosetting glue.
Fimo®	A brand type of polymer clay.
Findings	Elements such as earring posts, catches and brooch pins, and mass produced items in a variety of metals.
Fishing latex elastic	Used for fishing, this latex is very stretchy and strong.
Flux	Protective solution for silver surfaces, painted with when soldering to help the solder run and prevent oxides forming.
Hand drill	A drill that can be used by hand. An accessible low tech way of piercing materials.

Hand torch	A torch for heating metal. This is held in the hand, similar to cooking torches.
Joint tool	For cutting tube. Also known as a tube cutter.
Knitting	A textile technique involving linking loops together to form a surface.
Malleable	A material that can be shaped and formed with ease, e.g. clay.
Mandrel	A forming tool used for making rings, bangles and general shaping.
Merino felt	A fine wool used for felting.
Metal leaf	Very thin foil metal.
Milliput®	An epoxy putty.
Mud larking	Searching for objects from a river bed.
Needle files	Small files used for jewellery.
Pickle	A solution for cleaning metal after being heated and soldered. It is either made with sulphuric acid or safety pickle.
Piercing	Sawing the surface of metal, to take away areas either decorative or functional.
Pin wire	Wire that is made pre-hard, making it ideal for springy pins.
PMC	Precious Metal Clay.
Polypropylene	A thermoplastic, often used in a sheet format by jewellers.
Precious metal	E.g. silver, gold, platinum, etc.
Shearing elastic	An elastic thread, usually coated with a coloured thread.
Smocking	An embroidery technique, used to gather fabric.
Soldering	Joining metal with solder and heat.
Thermosetting	A chemical reaction that happens to set a plastic into a solid. It is irreversible and will stay as a solid once set.
Tiger tail	Flexible bead wire.
Tin snips	A tool used for cutting sheet metal.
Velum adhesive spray	A spray adhesive used for velum and other crafts.
Work hardening	Metal gets hard when it is shaped and worked on with tools. It can be reversed by annealing.

索引 Index